살아남은
세 개의
숲 이야기

살아남은 세 개의 숲 이야기

초판 1쇄 발행 2023년 4월 5일
초판 2쇄 발행 2024년 4월 30일

글 | 공주영
그림 | 공인영

펴낸곳 | (주)태학사
등록 | 제406-2020-000008호
주소 | 경기도 파주시 광인사길 217
전화 | 031-955-7580
전송 | 031-955-0910
전자우편 | thspub@daum.net
홈페이지 | www.thaehaksa.com

편집 | 조윤형 여미숙 김태훈
마케팅 | 김일신
경영지원 | 김영지

값 14,000원
ISBN 979-11-6810-141-8 43400

"주니어태학"은 (주)태학사의 청소년 전문 브랜드입니다.

책임편집 여미숙
디자인 이유나

살아남은 세 개의 숲 이야기

스웨덴 - 독일 - 한국 아이들의 릴레이 숲 구출 작전!

공주영 글   공인영 그림   주니어태학

일러두기

● 이 책에 쓰인 세 편의 이야기는 실화를 각색한 것입니다. 첫 번째 이야기에선 롤란 드와 에하 선생님, 두 번째 이야기에서는 펠릭스 핑크바이너와 그레고르·자샤·크 리스티안만 실존 인물입니다. 세 번째 이야기에 등장하는 인물은 모두 가상 인물입 니다.

● 세 번째 이야기에서 선흘 곶자왈에 세우려던 것은 동물테마파크 혹은 동물원으로 불렸는데, 이 책에선 동물원으로 통일했습니다. 동물원 건립은 아이들과 주민들, 시민단체의 반발로 무산됐지만, 비슷한 시기에 다른 기업에서 시작한 자연체험파 크(제주사파리월드) 조성은 계속 추진 중입니다.

● 사진 출처입니다.
  - 위키미디어 커먼즈 : 28, 29, 36, 100쪽
  - 이용규 : 168쪽
  - 국립산림과학원 난대아열대산림연구소 : 136쪽(대흥란)
  - 국립생물자원관 : 136(순채), 137쪽

어느 날, 코스타리카에 '영원한 어린이의 숲'이 있다는 기사를 읽게 되었어요. 어린이들이 숲을 구했다는 내용이었죠. 그것도 코스타리카로부터 아주 먼 나라인 스웨덴 아이들이 한 일이었어요.

스웨덴은 전 세계에서 숲이 많은 나라로 꼽혀요. '숲이 풍족한 나라에서 자란 어린이들이 다른 나라에 있는 열대우림을 지켜 내다니.' 한참이나 이 이야기를 생각했어요. 언젠가 이 아이들에 대한 글을 쓰고 싶었고요.

어떤 이야기에 관심을 가지면 비슷한 이야기가 자꾸 귀에 들리고 마음에 쌓여 가요. 독일에 사는 펠릭스 핑크바이너 이야기도 그렇게 다가왔고, 제주 곶자왈에 동물원 세우려는 것을 막아 낸 아이들 이야기도 마찬가지였어요.

각자 다른 나라의 이야기이고 서로 다른 활동을 했지만 저는 세 이야기가 떨어져 있다는 생각이 들지 않았어요. 세 이야기의 주인공들은 지금 자신들에게 어떤 것이 가장 중요한지 스스로 깨닫고, 할 수 있는 일을 하려고 노력했다는 점에서 연결되어 있어요.

누가 더 멋지고 대단한 일을 했느냐가 아니라, 미래의 주인공으로서 지금 당장 해야 할 일을 행동으로 보여 줬다는 점에서 대단해요. 선한 행동은 그다음의 선한 행동에 영향을 준다고 해요. 여기에 나온 아이들이 그것을 증명하고 있지요.

아이들이 내는 목소리는 하나예요. 숲을 구하는 것이 미래를 구하는 것이다! 숲이 뭐 그렇게 대단한 일을 하냐고요?

숲은 도시보다 훨씬 다양한 생명을 품고 있어요. 그 안에서 생태계는 거대한 순환을 해요. 거기다 숲은 공기와 물도 순환시켜요. 기후도 조절하지요. 숲이 하는 일은 다 열거하기 힘들 정도로 많아요.

우리가 우주의 비밀을 다 밝히지 못한 것처럼 숲도 그래요. 숲은 무한한 비밀을 품고 있어요. 땅 위뿐 아니라 땅 밑에 있는 숲의 세계도 어마어마하니까요. 아직 살아남은 숲들은 지구와 생명, 미래를 위해 계속 많은 일을 할 거예요.

책을 쓰면서 어느 때보다 숲을 자주 찾아갔어요. 숲이 무슨 마술을 부리는지, 숲에 있을 때면 마음이 평화로웠어요. 여러분이 책을 다 읽고 덮었을 때, 저처럼 숲과 숲에 사는 생명이 궁금해진다면 기쁠 거예요. 지구에는 많은 생명이 공존하고 있고, 공존의 비결을 숲이 가지고 있다는 사실을 잊지 않는다면 더 고마울 거고요. 물론 이 책을 재미있게 읽어 주는 것만큼 좋은 일은 없겠지만요.

마지막으로 MZ 세대 환경운동가인 엘리자베스 와투티 Elizabeth Wathuti의 말을 미래의 주인공인 여러분에게 들려주고 싶어요.

"제가 바라는 세상은 지구를 해치지 않고 자연과 조화를 이루며 살아가는 세상, 모든 사람이 미래 세대에게 어떤 지구를 남겨 줄까 늘 의식하며 살아가는 세상, 이익보다 사람과 지구를 더 소중하게 여기는 세상입니다."

— 《미래가 우리 손을 떠나기 전에》(열린책들)

황금두꺼비가 건네는 말

나는 황금두꺼비야. 황금으로 만든 두꺼비가 아니라 살아 움직이는 바로 그 두꺼비 말이야. 황금두꺼비가 있다는 건 처음 알았다고? 맞아. 내 존재를 모르는 친구가 많을 거야. 난 코스타리카라는 나라의 몬테베르데 숲에서만 사니까.

내가 사는 몬테베르데 숲은 운무림이라고 불러. 운무림이 뭐냐고? 구름이나 안개가 늘 끼어 있을 정도로 습기가 많은 촉촉한 숲을 말해.

몬테베르데 숲에는 오래된 나무도 아주 많아. 참, 몬테베르데Monteverde는 스페인어야. 몬테는 '산', 베르데는 '초록'이란 뜻이지. 그러니까 몬테베르데는 '초록 산'을 말해. 이름만 들어도 울창하고 초록초록한 숲이 그려지지 않아?

숲들은 땅속에 '비밀 터널'을 가지고 있어. 그 터널은 지렁이와 두더지 등이 만들어 놓은 건데, 비가 오면 터널에 물이 가득 고이지. 덕분에 비가 한동안 오지 않아도 숲이 메마르지 않아. 사람들이 상상하는 것보다 훨씬 많은 물이 땅속에 머물러 있거든.

몬테베르데 숲이 운무림인 것도 숨어 있는 물이 많기 때문이지. 촉촉한 숲은 생명체들에겐 천국 그 자체야. 물이 없으면 살 수 없는 나 같은 양서류에게는 특히 더 그렇지. 코스타리카는 세계에서 양서류가 많이 사는 곳으로 손꼽혀.

이 숲을 찾아왔을 때 반짝거리는 황금빛을 발견했다면 나, 황금두꺼비일지 몰라. 더는 그런 일이 일어나긴 어렵겠지만 말이야. 왜냐고? 우리는 이미 멸종됐다고 알려져 있거든. 무슨 말이냐고?

코스타리카는 100년 전만 해도 국토 대부분이 숲이었어. 어느 날, 사람들이 커피와 바나나 나무를 심겠다면서 원래 있던 나무들을 마구 잘라 냈지. 숲은 금방 줄어들었어. 당연히 우리가 좋아하던 축축한 웅덩이도 사라져 갔지. 숲의 습기를 지켜 주던 안개구름도 어딘가로 이동해 버렸어. 살 터전을 잃어버린 우리는 어떻게 되었을까?

1966년 어떤 학자가 우리를 몬테베르데 숲에서 발견한 이래 20년 넘게 여러 생태학자가 우리를 만나러 이곳에 왔지. 우리의 수는 많지 않았지만 금방 유명해졌어. 이런 우리가 사라져 버린 거야. 1988년이 되었을 때는 열 마리 정도밖에 남지 않았어. 다음 해에는 수컷 한 마리만 발견되었고. 결국 1989년 5월 15일, 몬테베르데 숲에서 우리는 멸종된 것으로 공식 발표되었어.

우리가 멸종되었다고 알려지기 전, 나는 숲에서 어떤 아이를 만났어. 숲에 단둘이 있는 것처럼 한참 동안 서로를 바라보았지. 아이 눈이 반짝였어. 나와 만나 기뻐하는 것 같았어. 나는 그 아이가 오래 우리를 기억해 주면 좋겠어.

사람들은 우리를 지구 온난화의 '첫 번째 희생자'라고 불러. 우리는 단 하나도 남김없이 이곳 숲에서 사라져 버렸지. 그럼 편지는 어떻게 쓰고 있냐고? 쉿! 나는 이렇게 어딘가에 숨어 있어. 아무도 찾을 수 없는 비밀스러운 곳에 말이야.

만약 몬테베르데 숲이 예전처럼 살아난다면 언젠가 우리 황금두꺼비도 다시 돌아올지 몰라. 그건 우리가 가장 바라는 일이야. 그런 일이 일어날 수 있을까? 답은 너희에게 있어.

— 너희와 친구가 되고 싶었던 황금두꺼비가 🐾

차례

첫 번째 이야기 (1987년) | 환경 파괴에 맞선 십대들: "어른들은 왜 자꾸 숲을 없앨까요?"

두 번째 이야기 (2007년) ｜ 기후 위기에 맞선 십대들: "계속 나무를 심으면 지구는 죽지 않아요!"

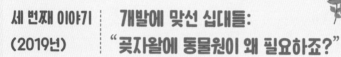

세 번째 이야기
(2019년)

개발에 맞선 십대들:
"곶자왈에 동물원이 왜 필요하죠?"

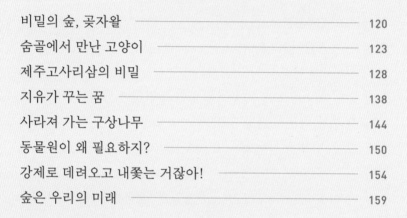

큰부리새

나무늘보

아르마딜로

와,
몬테베르데 숲에 사는
동물들이래!

환경 파괴에 맞선 십대들 :
"어른들은 왜 자꾸 숲을 없앨까요?"

첫 번째 이야기
(1987년)

황금두깨비를
만난 날

"길을 잃어버린 줄 알았어. 갑자기 앞에 가던 사람들이 하나
도 안 보이는 거야. 엄마는 걱정하지 말라면서 나를 달랬는데…"

소피는 친구들에게 둘러싸여 신나게 떠들다가 갑자기 조그
만 목소리로 속삭였다.

"걱정할 필요가 뭐가 있어? 숲에 우리뿐이라니! 그건 내가
진짜 바라던 모험이야."

소피는 숲에 사는 사람들이 나오는 책을 좋아한다. 오두막
을 지어 살거나 텐트를 치고 지내거나 하는 사람들 얘기 말이다.
문을 열고 나오면 나무가 울창하게 있고 그 사이로 동물들이 뛰
어다니며 노는 곳에서 사는 걸 꿈꾼다.

"숲에는 말이야. 정말 상상하지 못한 동물들이 살아. 우리가 보는 것들은 너무 뻔한 거고, 진짜 희귀한 생명체는 다 숲에 있다니까."

친구들은 소피의 말에 귀를 쫑긋 세웠다.

소피는 이번 2학년 여름방학 때 중앙아메리카에 있는 코스타리카라는 나라에 다녀왔다. 옆집에 사는 롤란드는 이미 이 모험담을 몇 번이나 들었다. 소피 대신 얘기를 해 줄 수 있을 정도였다. 롤란드는 소피가 가져온 생물도감을 이리저리 넘기며 바로 다음 이야기에 나올 주인공을 찾았다.

코스타리카

중앙아메리카에 위치한 국가다. 북쪽에는 니카라과, 남쪽으로는 파나마와 국경을 접하고 있다. 정식 국명은 코스타리카공화국. 코스타리카Costa Rica는 스페인어로 '풍요로운 해안'이라는 뜻이다. 스페인인들이 이 지역에 처음 왔을 때 해안가 원주민들이 금장신구를 치렁치렁 매달고 있는 모습을 보고 '풍요로운 해안'이라고 부른 데서 유래했다. 국토는 우리나라의 4분의 1 정도인데, 90퍼센트 이상이 숲이다. 전 국토의 20퍼센트를 국립공원으로 지정한, 대표적인 환경 보호 국가이다.

"여기 있다! 황금두꺼비."

소피는 롤란드를 슬쩍 흘겨보았다. 이런 이야기는 순서가 중요한 법인데, 롤란드가 대뜸 끼어드는 바람에 김이 새 버렸다. 소피는 롤란드가 중요한 부분을 마저 다 말해 버릴까 봐 얼른 말을 이었다.

"맞아. 너희가 지금 보고 있는 그거, 진짜 황금두꺼비야. 몸에서 광채가 나는데, 실제로 보면 책에서 보는 것보다 훨씬 더 반짝거려. 눈도 아주 동그랗고. 처음 발견했을 때 정말 살아 있는 건가 하고 눈을 의심했다니까. 크기는 이만해."

소피는 눈앞에 있는 황금두꺼비를 재기라도 하는 것처럼 엄지와 검지를 가로로 쭉 벌렸다.

"처음에는 놀라 바라보고만 있었어. 움직이면 달아날지 모르니까 숨도 제대로 못 쉬었지."

소피는 다시 코스타리카 숲에 가 있는 듯한 표정이었다. 마리는 참지 못하고 소피를 재촉했다.

"그래서 어떻게 했어? 그 황금두꺼비를 잡았어?"

소피와 롤란드는 눈을 동그랗게 뜨고는 무슨 소리를 하냐는 표정을 지었다.

"황금두꺼비를 잡았냐고? 무슨 그런 끔찍한 말을 하는 거야?"

롤란드가 쏘아붙이자 마리는 입을 삐죽거리며 말했다.

"나 같으면 잡았을 거야. 집에 데려와서 키우거나 교실에 가져와서 너희에게 보여 줬을걸. 그럼 이렇게 길게 말할 필요도 없잖아? 눈으로 보는 게 가장 확실하니까."

마리는 황금두꺼비를 잡아 본 것처럼 의기양양한 표정이었다.

"말도 안 돼. 숲에 사는 동물은 거기를 떠나면 안 돼. 그건 집을 빼앗는 거잖아!"

롤란드가 다시 쏴붙이며 마리에게 말했다.

"외계인이 지구에 왔는데 네 머리 색깔이 초록색인 게 특이해서 데려간다고 상상해 봐. 넌 다른 별에 끌려가서 살 수 있겠어?"

마리는 자기 머리를 만지면서 소리쳤다.

"왜 그런 말도 안 되는 소리를 해? 내 머리는 초록색이 아니잖아, 금발이라고!"

소피가 픽 웃으며 답했다.

"맞아. 그렇게 말도 안 되는 소리라고."

첫 번째 이야기 (1987년) 환경 파괴에 맞선 십대들:

줄어드는
숲

며칠 후 과학 시간. 담임인 에하 선생님이 초대한 특별한 손님이 수업에 들어왔다. 선생님은 열대우림을 지키는 환경운동가라고 소개하며, 지구에서 열대우림이 얼마나 중요한 곳인지 설명해 줄 거라고 했다. 환경운동가는 아이들과 인사를 나눈 뒤, 칠판에 나무가 울창한 숲 사진을 붙였다. 추운 날씨가 많은 스웨덴과 달리 더운 날씨만 이어지는 열대기후 지역 숲으로, 열대우림이라고 했다.

"열대기후 지역은 일 년 내내 기온이 높고 비가 많이 와서 숲이 나무들로 빼곡해요. 나무만 많은 게 아니라 신비한 생명체들도 모여 있죠. 열대우림은 지구의 육지 면적에서 10퍼센트를

열대우림에
사는
동식물들

① 히아신스앵무
② 폐금어
③ 콜롬네아 미크로필라
④ 빨간눈청개구리
⑤ 붉은머리도마뱀
⑥ 시계꽃

차지하는 정도지만, 지구에 사는 육상 동식물 중 절반 이상이 여기에 살고 있거든요."

사진으로 본 열대우림은 하얀 연기 같은 것이 피어올라 더 신비롭고 아름다웠다. 환경운동가는 곧 다른 사진을 붙였다. 바로 소피가 말한 황금두꺼비였다!

반 아이들이 모두 놀라 소피 쪽으로 고개를 돌렸다. 소피 말은 모두 사실이었다.

"저 황금두꺼비는 코스타리카에 살고 있어요!"

마리는 마치 자신이 황금두꺼비를 직접 본 것처럼 외쳤다.

"맞아요. 이 황금두꺼비는 코스타리카 몬테베르데 숲에 사는 희귀종이죠. 코스타리카에서만 발견됐어요. 황금두꺼비 말고도 코스타리카에는 참 많은 동물이 살고 있어요. 저는 환경운동을 하고 있지만 다양한 생물을 연구하는 생물학자이기도 해요. 몬테베르데 숲에 사는 동물을 연구하면서 점점 여러 동물이 사라지는 것을 목격하고 있어요. 황금두꺼비도 줄어들고 있지요. 조만간 못 볼지도 몰라요."

소피는 자기도 놀랄 정도로 큰 소리로 물었다.

"볼 수 없다니요? 완전히 사라진다는 뜻이에요?"

환경운동가는 대답 대신 다른 사진을 칠판에 붙였다. 이번에는 초록 숲 대신 흙으로 뒤덮인 땅 사진이었다. 나무는 쓰러져 있고 살아 있는 건 아무것도 없을 만큼 황폐한 모습이었다.

"이곳이 똑같은 코스타리카 숲이라고 믿어지나요?"

롤란드가 손을 번쩍 들었다.

"나무들은 다 어디로 갔어요?"

환경운동가는 교탁을 손으로 톡톡 두드렸다. 이어서 소피와 롤란드, 마리가 앉아 있는 책상과 의자도 가리켰다.

"이렇게 사람들이 사는 곳에 와 있죠. 책상이나 의자 등 아주 여러 모습으로요. 물건을 만들기 위해 나무를 베어 내기도 하지만 다른 것이 필요해서 베어 내기도 해요. 나무를 베어 낸 땅에 커피나 바나나 같은 작물을 심기 위해서죠. 그것도 코스타리카가 아닌 다른 나라에 사는 사람들에게 보내기 위해서요. 코스타리카는 여러 이유로 나무를 너무 많이 베어 내고 있어요. 벌써 숲이 4분의 1로 줄어들었어요."

소피는 놀란 얼굴로 손도 들지 않고 질문을 했다.

"그럼 숲에 살던 저 동물들은 어디로 갔어요?"

환경운동가는 잠시 아이들을 쭉 둘러본 후 말했다.

"살 곳이 점점 줄어들면 동물들은 어디로 갈까요? 다른 살 곳이 있을까요?"

소피는 집에 돌아와서도 환경운동가의 말을 곱씹었다.

"숲은 '지구의 허파'와 같은 곳이에요. 수천수만 킬로미터 떨어진 곳에 있는 숲 덕분에 여기 스웨덴에 비가 내릴 수도 있어요. 숲에서 만들어 낸 좋은 공기와 비가 지구 곳곳에 가지 못한다면 사막이 되는 지역이 많아지겠죠."

소피는 생물도감을 펼쳐 황금두꺼비가 나온 페이지를 뚫어지게 보았다.

'이 황금두꺼비는 코스타리카에 있는 숲에서만 살아. 만약 숲이 없어지면….'

소피는 벌떡 일어나 방 안에서 왔다 갔다 했다. 유명한 위인들도 주로 걸을 때 아이디어가 떠오른다고 했다. 소피는 걸으면서 한 가지 생각만 했다. 황금두꺼비를 지킬 방법이 있을까?

다음 날은 에하 선생님이 열대우림에 대해 설명해 주었다. 열대우림이 줄어들면 거기에 사는 생명체들이 위험해질 수밖에 없다고 했다.

에하 선생님 말에 소피 얼굴이 심각해졌다.

"그럼 우리가 어른이 되었을 때는 열대우림이 남아 있지 않을 수도 있나요?"

선생님은 작게 한숨을 내쉬었다.

"지금처럼 개발하느라 나무를 마구 베어 내면 그럴 수도 있어요. 20년 안에 열대우림이 모두 사라질지 모른다는 말이 나올 정도니까.”

소피는 입술을 깨물었다. 롤란드가 툭 끼어들었다.

“말도 안 돼요. 그렇다면 개발을 멈춰야죠! 지금부터라도 열대우림을 파괴하지 못하게 할 방법은 없나요?”

마리가 큰 비웃었다.

열대우림

적도 부근 지역에 분포되어 있는 세계에서 가장 넓은 숲 지대로 아마존 유역과 중앙아프리카, 인도네시아 일대가 여기에 속한다. 이 중 열대우림의 절반을 차지하는 아마존은 전 세계 산소의 20퍼센트를 공급하는 ‘지구의 허파’이다.

열대우림은 일 년 내내 기온 차가 크지 않고 비가 많이 와서 식물이 잘 자란다. 열대우림에 있는 나무와 우리나라에서 자라는 나무의 생장 속도를 비교하면 열대우림 나무가 약 6배 빠르다.

열대우림에는 식물뿐 아니라 동물도 다양하게 살고 있다. 지구에 존재하는 약 1천만 종의 생물 중 50퍼센트 이상이 열대우림에 살고 있을 정도이다. 그중에서도 몬테베르데 운무림은 세계에서 가장 다양한 생물이 살고 있는 곳으로 알려져 있다.

한때 열대우림은 지구의 육지 면적에서 10퍼센트를 차지했지만 무분별한 개발 탓에 지금은 5퍼센트 정도만 남아 있다.

"그건 우리가 어쩔 수 없는 문제야. 어른들이 나무를 다 잘라 내고 그 땅에 돈을 벌 수 있는 걸 심는다고 하잖아. 우리가 어떻게 말리겠어?"

소피는 마리 말에 뭔가 답을 얻은 표정이었다.

"아니, 방법이 있어!"

첫 번째 이야기(1987년) 환경 파괴에 맞선 십대들 :

코스타리카 몬테베르데 숲에서 살던 황금두꺼비는 현재 멸종한 것으로 알려져 있다. 가장 큰 멸종 원인은 더는 황금두꺼비가 살 수 없게 된 숲의 환경이다.

두꺼비 같은 양서류는 피부로 호흡을 한다. 물도 피부로 흡수해 체온 조절을 한다. 온도가 낮고 습기가 많은 운무림은 황금두꺼비가 살아가기에 좋은 조건이었다. 무분별한 개발 탓에 숲이 줄어들고 온도가 높아지면서 습

황금두꺼비

스위스 글란드에 있는 국제자연보전연맹

기를 유지하던 안개구름이 사라져 갔다. 어느새 촉촉했던 숲속 웅덩이가 말라 버렸고, 황금두꺼비는 알을 낳을 곳조차 잃게 되었다.

　황금두꺼비는 1966년 처음 발견되었는데, 그 수가 점점 줄어들었다. 1988년에는 수컷 8마리와 암컷 2마리가 발견되었고, 급기야 다음 해에는 수컷 한 마리만 발견되었다. 5월 이후에는 아예 볼 수 없었다. 2004년 국제자연보전연맹에서는 결국 황금두꺼비를 멸종 동물 목록에 추가했다.

　스웨덴 어린이들이 코스타리카 숲을 산 것은 1992년으로, 이미 황금두꺼비가 멸종된 이후이다.

　(*책의 맨 앞에 실린 〈황금두꺼비가 건네는 말〉은 어딘가 안전한 숲에 황금두꺼비가 살아 있기를 간절히 바라는 마음을 담은 것으로, 황금두꺼비가 실제로는 멸종되었음을 다시 밝혀 둔다.)

국제자연보전연맹 IUCN, International Union for Conservation of Nature

전 세계 자원과 자연을 보호하기 위해 국제연합UN의 지원을 받아 1948년에 설립된 국제기구다. 제2차 세계대전으로 자연환경이 심각하게 파괴되면서 설립되었다. 우리나라는 환경부와 5개 단체가 회원으로 가입돼 있다. 본부는 스위스 글란드에 있다.

우리가
할 수 있는 일

쉬는 시간. 소피와 반 친구들이 머리를 맞댔다. 소피가 진지한 표정으로 뭔가를 말하자 롤란드가 박수를 쳤다.

"그럼 이제부터 돈을 모으면 되는 거네!"

마리는 아직도 이해가 안 가는 표정이었다.

"이게 정말 가능해?"

롤란드는 종이를 펼쳐 숫자를 적기 시작했다.

"에하 선생님도 도와주신다고 했잖아. 해 보지 않고는 알 수 없어!"

소피는 회의 내용을 적던 종이 아래쪽에 황금두꺼비를 뚝딱 그려 냈다.

첫 번째 이야기(1987년) 환경 파괴에 맞선 십대들:

"우선 그림을 그려서 전시회를 열어 보면 어떨까? 전시회에서 그림을 보려면 돈을 내야 하잖아. 그림을 사 갈 수도 있고."

롤란드는 좋은 생각이라며 '우리가 할 수 있는 일' 목록에 '전시회 열기'를 적었다. 소피와 롤란드는 손발이 척척 맞았다. 소피가 빨리 아이디어를 생각해 내는 편이라면, 롤란드는 그것을 정리하는 데 소질이 있었다.

"공연을 하는 건 어때?"

소피 말에 이번엔 마리가 나섰다.

"연극이 좋겠다. 내가 연극반이라는 건 알지? 나한테 맡겨 둬."

롤란드는 '연극 공연하기'를 목록에 추가했다. 마리가 갑자기 깊은 한숨을 내쉬었다.

"정말 말도 안 되는 일이야."

롤란드는 또 무슨 소리 하는 거냐는 표정을 지으며 서 있는 마리를 올려다보았다.

"생각해 봐. 돈을 벌어도 내가 사고 싶은 걸 사는 데 쓸 수 없잖아! 너무 슬퍼."

소피가 마리 어깨에 손을 올렸다.

"마리, 우리는 그보다 훨씬 좋은 것을 갖게 될 거야!"

소피와 롤란드는 에하 선생님에게 회의 내용을 전했다.

"오, 공연과 전시를 한다고? 선생님이 더 도울 건 없고?"

선생님은 잠시 생각하더니 손뼉을 치며 말했다.

"좋은 생각이 났어. 다음 수업 시간에 우리 다 같이 재미난 거 해 볼까?"

다음 날, 에하 선생님과 아이들은 열대우림을 왜 지켜야 하는지 알리는 책을 만들기 시작했다. 책에 들어가는 글과 그림은 아이들이 직접 쓰고 그렸다.

"전시나 공연을 보러 오는 사람들에게 이 책을 팔면 좋겠어요!"

책을 만들다 말고 마리가 외쳤다. 에하 선생님은 고개를 끄덕이며 웃었다.

소피와 친구들은 책뿐 아니라 공연 티켓과 전시 티켓도 만들었다.

"자기가 팔 수 있는 만큼 가져가도록 하자."

아이들은 티켓을 챙겼다. 마리가 가장 많이 가져갔다.

"걱정 마. 무슨 수를 써서라도 다 팔고 올게."

소피는 걱정하지 않았다. 마리는 그러고도 남을 친구니까.

롤란드 집에서는 실랑이가 벌어지고 있었다.

"나는 전시는 안 가고 공연만 보러 갈 거니까 공연 티켓만
살래."

동생 캐빈의 말에 롤란드 눈썹이 올라갔다.

"내 그림도 잔뜩 있는데 안 온다고? 그게 말이 돼?"

누나 엘리가 픽 웃었다.

"설마 네 그림을 우리더러 사 달라는 건 아니겠지?"

롤란드는 고개를 저으며 엘리에게 말했다.

"내 그림이 아니어도 돼. 그래도 이건 알아줘. 누나가 그림
을 사는 건, 지구를 위한 거야. 우리는 많은 걸 했지만 누나는 그
저 모아 둔 용돈으로 그걸 할 수 있는 거라고."

공연 보러
오세요!

아이들이 열심히 준비한 연극이 시작됐다. 무대에는 스웨덴 아이들이 가장 사랑하는 동화 《내 이름은 삐삐 롱스타킹》의 주인공 삐삐 롱스타킹이 올라와 있었다.

삐삐는 참나무 가지에 가뿐하게 올라가 앉았다. 그러고는 참나무에게 물었다.

"그러니까 여기 있는 애벌레가 네 잎을 모두 갉아 먹는다는 거지?"

참나무는 애벌레를 흘겨보며 대답했다.

"맞아. 너무 많이 먹고 있어서 어쩔 수 없이 애벌레가 싫어

첫 번째 이야기(1987년) 환경 파괴에 맞선 십대들 :

하는 냄새를 계속 풍기고 있어. 한 번에 너무 많이 먹으면 나도 좀 그렇잖아. 나름대로 조절을 하는 거지. 문제는 그렇게 하는데도 이 녀석이 계속 먹고 있다는 거야!"

삐삐는 알겠다는 듯 아래쪽 가지로 폴짝 뛰어내려서는 애벌레에게 말했다.

"애벌레야. 뭐든지 지나친 건 안 좋아. 적당히 먹어야 한다고!"

애벌레는 그 순간에도 나뭇잎을 사각사각 먹고 있었다.

"나는 빨리 나비가 되고 싶단 말이야. 그러려면 많이 먹어야 해."

삐삐는 그제야 애벌레가 왜 그랬는지 알았다는 듯 무릎을 탁 쳤다. 이번에는 참나무에게 말했다.

"참나무야, 너는 잎이 풍성하잖아. 애벌레가 먹으면 얼마나 먹겠어? 좀 참아 주면 안 되겠니?"

참나무는 한숨을 푹 쉬었다.

"삐삐야, 내 몸을 봐. 지금 붙어 있는 녀석이 한둘이 아니야! 이러다간 나도 헐벗는다고."

참나무가 불만을 쏟아 내려는 찰나, 큰부리새가 날아왔다.

"큰일 났어! 큰일 났어!"

삐삐가 무슨 일이냐고 묻기도 전에 큰부리새가 속사포처럼

떠들어 댔다.

"엄청나게 큰 괴물이 나무를 다 잘라 내고 있어!"

"나무를 잘라 내는 괴물이라니? 그런 게 왜 여기에 왔다는 거야?"

"나무를 베어 낸 자리에 바나나 농장을 만들겠다는 거 같던데."

삐삐는 탄성을 지르며 자신도 모르게 중얼거렸다.

"와, 바나나라니! 원숭이들이 신나겠군."

그러자 큰부리새가 나무랐다.

"그 바나나는 다 인간들이 먹는 거야! 원숭이들은 농장에 들어간 순간 쫓겨날걸? 문제는 그게 아니야. 이렇게 나무를 베어 버리면 우리 새들은 어디로 가냐는 거야!"

그제야 삐삐는 정신이 번쩍 들었다.

"뭐야, 이거 진짜 큰일이잖아. 숲을 망치는 건 용서할 수 없지."

큰부리새 말을 듣고 참나무는 몸을 벌벌 떨었다. 애벌레도 놀라 먹는 것을 멈췄다. 삐삐는 서둘러 나무에서 내려와 나무 괴물을 향해 돌진했다.

"당장 멈춰요! 이게 무슨 짓이에요?"

나무를 베어 내던 사람들은 삐삐의 말을 못 들은 척했다.

"대체 왜 나무를 함부로 베는 거냐고요!"

우두머리처럼 보이는 아저씨가 삐삐에게 저리 가라는 듯 손을 내저었다.

"너 같은 어린애가 참견할 일이 아니야. 어른들 일이라고."

"흥! 누구 마음대로? 내 친구들이 사는 곳을 엉망으로 만들다니. 이건 절대 안 될 일이지."

삐삐는 자기를 쫓아내려던 아저씨를 번쩍 들어 올려 휙 던졌다. 아저씨 몸이 붕 떠오르는가 싶더니 "쿵" 하고 어딘가로 떨어졌다. 그곳은 나무도 풀도 동물도 없는, 큰 바위만 가득한 메마른 땅이었다.

"으악, 여기가 어디야? 더워서 죽을 거 같아!"

삐삐가 어느새 와 있었다. 한마디해 주고 돌아갈 참이었다.

"여기가 어디냐고요? 아무것도 없는 땅이잖아요!"

"그러니까, 나를 왜 이런 데로 데려온 거냐고, 이 꼬마야."

삐삐는 팔짱을 낀 채 아저씨에게 말했다.

"아무것도 없는 땅을 원하는 거 아니었어요? 숲에서 나무를 베어 내면 이렇게 되고 말겠죠."

삐삐가 떠나려 하자 아저씨는 갑자기 태도를 바꾸었다. 바닥에 무릎을 꿇고 손을 싹싹 빌었다.

"나를 여기에 두지 마. 아까 있던 곳으로 데려가 줘. 여기는 누구도 살 수 없어! 그 무엇도."

그 말에 삐삐가 검지를 세우며 말했다.

"정답!"

연극이 끝났다. 커튼이 내려지는 동안, 롤란드가 만든 노래가 울려 퍼졌다.

"우리는 결코 포기하지 않을 거야. 동물들은 집에 살 권리가 있고, 우리는 맑은 공기를 원하니까."

사람들은 멍멍해질 정도로 큰 박수를 보냈다.

"대성공이야!"

삐삐를 맡은 마리, 사막에 내던져진 아저씨 역할을 맡았던 롤란드는 신이 나서 무대에서 폴짝폴짝 뛰었다.

소피는 자기보다 두 배나 큰 참나무 옷을 벗느라 낑낑대고 있었다. 그때 학교 신문에서 9학년(스웨덴에서는 초등학교에서 중학교까지 9학년 과정이 이어져 있다. 9년 동안 같은 학교에 다니는 경우도 많다) 기자가 찾아왔다.

"연극 아주 재밌던데? 너희, 잠깐 인터뷰해도 될까?"

마리가 큰 소리로 답했다.

숲 구하기 모임 만든 2학년생들, 전시, 공연 등 수익금으로 숲 구한다!

우리 학교 2학년생들이 숲을 구하기 위한 활동에 발 벗고 나섰다. 소피, 마리, 롤란드 세 명의 주인공은 반 아이들과 함께 숲 구하기 모임을 만들어 얼마 전, 그림 전시와 연극 공연을 했다.

〈숲이 사라진다면〉이라는 주제로 열린 전시에서 소피는 메마른 땅에 혼자 남겨진 황금두꺼비를 그렸다. 황금두꺼비는 코스타리카라는 나라에서만 사는 희귀종이다. 코스타리카에서 지금처럼 바나나와 커피 나무를 심기 위해 나무를 베어 내고 숲을 보호하지 않는다면 지구에서 황금두꺼비는 영영 사라진다.

공연에서는 나무들을 마구 베어 내는 어른들을 혼내 주는 삐삐 롱스타킹이 등장했다. 2학년생들은 공연 후에 자신들이 직접 만든 열대우림에 대한 책도 팔았다.

이렇게 전시, 공연, 책 판매를 통해 얻은 수익금은 코스타리카 숲을 구하는 데 쓰인다고 한다. 소피와 친구들은 국토의 90퍼센트 이상이 숲이었던 코스타리카에 이제 숲이 20퍼센트 정도밖에 남지 않았다며 많은 친구가 숲을 살리는 이 활동에 함께해 주기를 바란다고 말했다.

첫 번째 이야기(1987년) 환경 파괴에 맞선 십대들:

"물론이죠! 우리가 무슨 일을 하고 있는지 알면 깜짝 놀랄 걸요?"

신문에 활동 내용이 실렸다.

소피가 그린 그림은 원하던 가격에 팔렸다. 그림을 산 사람은 교장 선생님이었다. 이제 교장실에서 누구라도 소피가 그린 황금두꺼비를 볼 수 있게 되었다.

기사 효과도 조금씩 나타났다. 숲 구하기 모임에 함께하고 싶다며 하나둘 찾아왔다. 기사를 쓴 학생 기자도 그중 하나였다.

"우리끼리만 이렇게 좋은 일을 할 수 없지. 더 많은 사람이 알도록 하자."

기자는 숲 구하기 모임에 자기 엄마도 초대했다. 엄마는 지역 신문 기자였다. 숲 구하기 모임은 지역 신문에 났고, 그 덕분에 소피, 롤란드, 마리 세 사람은 지역 라디오 방송에 나갈 기회도 얻었다.

잔소리쟁이
롤란드

마리는 방송을 핑계 삼아 엄마와 쇼핑을 하러 갔다.

"우리 딸이 라디오에 나온다니, 엄마가 다 떨리네. 방송국 사람들 깜짝 놀라게 해 주자. 멋지게 차려입고 가서 말이야."

엄마가 마리보다 더 설렌 듯했다. 마리는 쇼핑을 정말 좋아한다. 새 옷을 사는 건 언제나 즐겁지만 이날은 달랐다. 마리는 고민하다가 쇼핑몰로 들어가려던 엄마 손을 잡아끌었다.

"엄마, 옷 안 사도 될 것 같아요. 지금 빨리 집에 가서 해야 할 일이 생각났거든요!"

마리는 집에 오자마자 입지 않는 옷과 더는 가지고 놀지 않는 인형들을 모았다. 그러고는 빈 종이를 꺼내 이렇게 썼다.

첫 번째 이야기 (1987년) 환경 파괴에 맞선 십대들 :

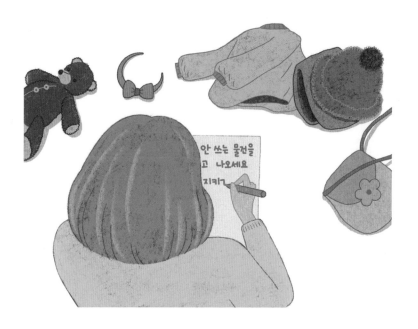

잘 안 쓰는 물건 가지고 나오세요. 숲을 지키기 위한 플리 마
켓을 엽니다!

환경운동가는 물건을 너무 많이 사는 것도 환경에 좋지 않
다고 말했다. 그럼 안 쓰는 물건을 서로 바꿔 쓰는 것도 숲을 지
키는 일이 되지 않을까. 이런 생각을 하면서 마리는 스스로를 멋
지다고 생각했다.

마리는 계속 글을 써 내려갔다.

물건을 너무 많이 사고 버리는 것도 환경을 파괴하는 일입니다. 여러분에게 필요하지 않은 물건을 친구들과 바꿔 쓰면 숲을 구할 수 있어요!

롤란드는 누나 엘리가 화장실에서 나오자마자 한마디했다.

"누나, 불 끄고 나오라니까."

"아, 깜빡했어."

동생 캐빈이 책상의 스탠드 조명을 끄지 않았을 때도 잔소리가 이어졌다.

"캐빈! 이렇게 전기를 낭비하면 안 된다고 했잖아."

그러자 캐빈이 발끈했다.

"아휴, 알았어, 형 요즘 잔소리쟁이 된 것 같아. 엄마보다 더한걸."

"잔소리라니? 너도 몬테베르데 숲 구하기 모임 회원이야. 우리가 열대우림을 구하려면 어떻게 해야 하는지 함께 배웠잖

플리 마켓 Flea Market

잘 쓰지 않는 중고품 등을 갖고 나와 사고팔거나 교환을 하는 시장. '벼룩시장'이라고도 한다.

첫 번째 이야기(1987년) 환경 파괴에 맞선 십대들:

아. 전기도 함부로 쓰지 않아야 한다고."

롤란드 말처럼 캐빈은 롤란드를 따라 몬테베르데 숲 구하기 모임에 들어갔다. 숲을 구한다는 건 멋져 보였는데, 집에서 전기를 아끼는 일은 멋져 보이지 않았다. 캐빈이 이런 생각을 하고 있다는 걸 롤란드도 눈치챘다.

"공연이나 전시를 해서 숲을 지켜야 한다고 알리는 일도 중요하지만, 이렇게 생활 속에서 환경을 보호할 수 있는 일을 하는 것도 중요해."

형의 잔소리를 멈추게 할 방법은 하나였다.

"미안해. 지금 이 순간부터 잘 실천할게. 전등 끄는 것도 잊지 않고!"

롤란드는 더 말을 하려다 어깨를 으쓱하고는 2층으로 올라갔다.

어린나무
심기

소피, 롤란드, 마리 그리고 숲 구하기 모임 회원들은 학교 체육관 뒤에 모여 있었다. 학교 담장과 체육관 사이에 오래된 나무 몇 그루가 서 있긴 했지만 어쩐지 휑한 곳이었다.

"여기에 나무 심기를 해 보면 어떨까? 학교에도 나무가 더 많이 필요해."

"멋진 생각이야! 교장 선생님께 건의해 보자."

소피와 친구들은 교장실로 찾아갔다. 어린나무 열 그루 정도를 심고 싶다고 말하자, 교장 선생님은 웃으며 말했다.

"큰 나무를 심어도 된단다. 그 정도는 학교에서 사 줄 수 있어."

소피는 교장 선생님에게 뜻밖의 대답을 했다.

"어릴 때부터 커 가는 모습을 보려고요."

그 말에 교장 선생님은 허허 웃었다.

"너희가 졸업할 때까지 많이 크지는 못할 텐데. 나무는 자라는 속도가 아주 느리거든."

소피가 고개를 끄덕였다.

"알고 있어요. 그래도 학교에는 계속 아이들이 있잖아요. 저희 다음 아이들이 나무 자라는 모습을 지켜보면서 함께 돌보면 더 좋을 거 같아요."

그 말에 교장 선생님은 감동 어린 눈으로 소피와 아이들을 바라보았다.

"좋아. 그럼 나무 심을 때 나도 끼워 줄 수 있을까? 숲 구하기 모임에 함께하고 싶구나."

아이들은 선뜻 대답하지 못했다. 에하 선생님, 지역 신문 기자 말고는 아직 어른 회원이 없었기 때문이다. 교장 선생님이 들어오는 게 과연 좋은 일일까. 소피는 고민했다. 마리는 고민이 짧은 편이라 냉큼 대답했다.

"좋아요, 교장 선생님. 연극이나 전시를 할 때는 끼워 주기 어렵지만, 같이할 수 있는 다른 일도 많으니까요."

마리 말에 다른 친구들도 고개를 끄덕였다. 이렇게 해서 숲 구하기 모임에 세 번째 어른 회원이 들어왔다.

회원들은 숲 구하기 활동을 더 많은 사람에게 알려 나갔다. 방송국에 편지도 보냈다. 처음에는 아무 응답이 없었지만 얼마 지나지 않아 텔레비전에서 활동이 소개되었다.

소피와 친구들은 다른 학교에도 편지를 썼다. 스웨덴이 아닌 코스타리카라는 다른 나라의 숲을 구하는 활동을 하는 이유를 설명하고 모두 함께했으면 좋겠다는 바람을 담았다. 이번엔 응답이 빨랐다. 함께하고 싶다는 아이가 점점 늘어났다.

모임에서는 모든 아이디어가 존중받았다. 모금을 하자는 한 회원의 제안에 시내 중심가에 모여 모금 활동을 했다. 롤란드가 만든 노래도 함께 부르면서 말이다. 지나가던 사람들이 뭘 하는 건지 물으면, 아이들은 "우리는 코스타리카에 있는 숲을 구하는 일을 하고 있어요!"라고 힘차게 외쳤다.

시상식에서 만난
왕가리 마타이

1991년 6학년이 된 어느 날, 숲 구하기 모임에 놀라운 소식
이 날아들었다. 모임이 골드먼 환경상을 받게 되었다는 것이다!

에하 선생님과 아이들은 시상식에 갔다. 그곳에서 아프리카

골드먼 환경상 Goldman Environmental Prize

골드먼 재단에서 환경운동가에게 주는, 환경 분야에선 세계에서
가장 큰 상이다. 매년 세계 6개 대륙(아프리카, 아시아, 유럽, 섬 지역
과 섬 국가, 북아메리카, 남·중앙아메리카)에서 1명씩 선정한다. 우리
나라에선 1995년에 환경재단 최열 이사장이 아시아 대륙 환경운
동가로 선정된 바 있다.

대륙 수상자인 왕가리 마타이도 만났다. 왕가리는 황폐해진 케냐에 나무 심는 활동을 하는 환경운동가였다.

"너희, 정말 대단한 일을 하고 있더구나."

왕가리가 아이들에게 웃으며 말했다. 롤란드가 반가움에 눈을 반짝이며 물었다.

"아주머니도 정말 대단한 일을 하셨던데요! 어떻게 나무를 그렇게 많이 심을 수가 있어요?"

왕가리는 롤란드의 손을 잡았다.

"나도 너희와 똑같은 생각을 했단다. 숲을 살리는 것이 모두를 살리는 거라고."

어느새 23개국 어린이와 어른들이 숲 구하기 모임에 기부금을 보내왔다. 1992년 모금액이 500만 달러에 이르렀다. 모임이 시작된 1987년의 모금액을 생각하면 5년 만에 엄청나게 모인 것이다.

1992년, 7학년이 된 소피와 회원들은 마침내 그동안 세웠던 계획을 실천에 옮기기로 했다. 소피가 대표로 편지를 썼다. 코스타리카 몬테베르데 숲을 지키는 모임인 몬테베르데 보존연맹에 보내는 편지였다.

몬테베르데 보존연맹에서 일하는 분들에게

안녕하세요, 저희는 스웨덴에서 초등학교를 다니는 학생들이에요. 5년 전인 2학년 때, 학교에 찾아온 환경운동가 선생님에게 몬테베르데 숲 이야기를 들었어요. 국토가 온통 숲으로 이루어진 코스타리카에 숲이 점점 없어진다는 슬픈 소식이었어요. 다른 나라의 숲이 없어지는 게 왜 슬픈 일이냐고 물으신다면… 그 시작은 황금두꺼비 때문이에요.

편지를 대표로 쓰고 있는 저는 소피라고 해요. 저는 2학년 때 몬테베르데 숲에 가족 여행을 갔다가 황금두꺼비를 보았어요. 환경운동가 선생님이 황금두꺼비는 코스타리카에만 사는 희귀한 종이라고 알려 주셨어요. 만약 코스타리카에서 숲이 점점 사라진다면 다시는 황금두꺼비를 볼 수 없겠죠. 저는 보았지만 제 친구들은 절대 볼 수 없을 거예요.

그런 이야기를 친구들과 나누다가 저희는 황금두꺼비 말고 다른 동식물들도 생각했어요. 숲이 사라진다면 거기에 사는 동식물들은 어디로 가는지, 나무를 모두 베어 낸다면 꽃과 벌들도 사라지는지 궁금하고 걱정했어요.

저희는 숲을 구할 방법을 고민하고 찾아보았어요. 만약 몬테베르데 숲이 어린이들 것이라면 저희는 절대 숲을 망가뜨리지 않을 거예요. 저희가 숲을 살 수 있을까요? 사실 숲을

첫 번째 이야기(1987년) 환경 파괴에 맞선 십대들 :

사는 데 얼마가 필요한지 모르겠어요. 저희에게 알려 주실
수 있나요?

　　　　　　　　　— 스웨덴에서 숲을 사랑하는 어린이들이

아이들은 편지를 몬테베르데 보존연맹에 보냈다. 지금까지
모은 돈으로 과연 숲을 살 수 있을까. 소피도 친구들도 알 수 없
었다. 매일 답장을 기다렸지만, 감감무소식이었다.

'만약 숲을 살 수 없다면, 열대우림을 지키기 위해 또 뭘 할
수 있을까?'

소피가 이런 생각에 빠져 있을 때였다. 선생님이 빙긋 웃으
며 교실로 들어왔다.

"좋은 소식이 있어요."

소피는 단박에 알았다. 자신이 듣고 싶어 하는 소식이 도착
한 게 분명했다. 소피 예감은 적중했다!

'영원한 어린이의 숲'

숲 구하기 모임 회원들이 교장실에 모였다. 이제 4학년이 된 캐빈도 있었다.

"마침내 몬테베르데 보존연맹에서 연락이 왔어요. 여러분은 몬테베르데 숲 가운데 2만 3천 에이커(여의도의 약 32배 크기)를 살 수 있게 됐어요."

아이들은 함성을 질렀다. 이어 놀라운 소식을 더 들었다.

"코스타리카 대통령이 여러분 모두를 코스타리카로 초대하고 싶다는군요."

이번엔 에하 선생님이 코스타리카 대통령이 보낸 초대장을 아이들에게 건넸다. 소피가 대표로 읽었다.

첫 번째 이야기(1987년) 환경 파괴에 맞선 십대들 :

코스타리카 숲을 사랑하는 여러분에게

여러분이 지금까지 몬테베르데 숲을 지키기 위해 한 일에 대해 들었습니다. 저희는 고민 끝에 숲의 일부를 여러분에게 넘기는 것이 좋겠다는 판단을 했습니다. 이제 그 숲은 누구보다 열심히 숲을 지키는 데 나서 준 여러분의 이름으로 불릴 겁니다. 숲을 가장 아끼는 사람에게 숲을 맡기는 것은 당연하겠지요.

우리는 그동안 개발이라는 이름으로 우리의 가장 큰 재산인 숲을 잃어 가고 있었습니다. 잃기 전에는 그것이 얼마나 소중한지 모르는 법이지요.

멀고 먼 스웨덴에서 여러분이 해 준 놀라운 활동을 보면서 저희 코스타리카 정부는 깊이 반성했습니다. 여러분 덕분에 하루라도 빨리 숲을 살려야 한다는 사실을 깨달았습니다. 숲을 살리기 위해 어떤 일을 해야 할지에 대해서도 고민하고 있습니다.

여러분이 직접 와 숲을 살릴 방법을 들려준다면, 숲을 되살리는 데 큰 도움이 될 거예요. 저희 초청에 응해 주시기 바랍니다.

— 코스타리카 대통령

얼마 후 소피와 친구들은 코스타리카에 가서 대통령을 만났다. 어떻게 숲을 사겠다는 결심을 하게 되었는지, 5년 동안 숲을 살 돈을 마련하기 위해 어떤 활동들을 했는지 생생하게 들려주었다. 대통령은 박수를 치며 감탄했다.

놀라운 일은 계속되었다. 이번엔 스웨덴 국왕과 왕비가 학교를 방문한 것이다.

"여러분이 열대우림을 지키기 위해 전 세계를 움직인 바로 그 영웅들이군요?"

영웅이라는 말을 듣는 건 처음이었다. 모두 터져 나오는 웃음을 감추기 어려웠다.

교장 선생님은 숲 구하기 모임 회원들에게 숲 구입 증서를 건네주었다. 아이들은 숲의 이름을 '영원한 어린이의 숲'으로 지었다.

"여러분이 한 일 중 가장 대단한 것이 뭔지 알아요?"

교장 선생님은 교장실 창문을 열고 아래쪽을 가리키면서 말했다.

"숲을 산 것보다 더 대단한 일은…, 숲이 사라지고 있고 우리가 뭔가 해야 한다는 사실을 일깨워 준 거예요."

아이들도 창가로 다가가 아래를 내려다보았다. 거기엔 작은 나무와 꽃이 촘촘히 심겨 있었다. 매년 열심히 가꾼 덕분에 나무와 꽃은 더 많아졌다.

흐뭇하게 웃는 아이들을 바라보며 교장 선생님도 환하게
웃었다.

코스타리카는 중앙아메리카의 다른 나라들처럼 커피와 바나나 등을 수출해 살아간다. 커피와 바나나 나무를 심기 위해 숲을 밀어내고 농장을 지었다. 1960년대부터는 국제 농식품 기업들이 소 목축업에 투자하면서 숲이 더 황폐해졌다.

한때 코스타리카는 전 국토의 90퍼센트 이상이 숲이었지만, 마구 개발을 한 탓에 지금은 숲이 20퍼센트 정도만 남아 있다. 숲이 계속 줄어드는 건 코스타리카만의 문제가 아니다. 그 지역의 다른 나라들 역시 같은 고민을 하고 있다.

스웨덴의 초등학교 교사인 에하 케른은 코스타리카 몬테베르데 숲이 사라지고 있는 현실을 알려 주기 위해 수업 시간에 환경운동가를 초대했다. 아이들은 이날 들은 이야기를 그냥 지나

바나나 농장(위)과 커피 농장

롤란드 티엔수Roland Tiensuu와 에하 케른Eha Kern 선생님

치지 않았다. 열대우림을 구할 방법을 진지하게 고민하기 시작한 것이다. 연극 공연과 그림 전시를 하는 등 자신들이 할 수 있는 모든 활동을 해서 돈을 모았다. 이 소식을 들은 다른 나라에서도 기부금을 보내기 시작했다. 어느새 모금액이 500만 달러에 이르렀다.

1992년 마침내 에하와 학생들은 이 모금액으로 몬테베르데 숲에서 2만 3천 에이커를 샀다. 어린이가 직접 모은 돈으로 산 숲임을 기리기 위해 이름을 '영원한 어린이의 숲'으로 지었다.

코스타리카 정부도 달라졌다. 경제 발전도 중요하지만, 생태를 유지하는 일 역시 중요하다는 사실을 깨닫고 숲을 보호하기 위해 노력하기 시작했다. 그중 하나가 '생태관광'이다. 생태관광은 열대우림 지역을 보존하려는 방법으로, 자연을 훼손하지 않고 생태계와 환경을 지키며 하는 관광을 말한다.

1990년대부터 코스타리카 생태관광은 세계적으로 유명해졌다. 개발이 아니라 자연환경을 보호하는 일로도 돈을 벌 수 있음을 보여 준 대표적인 사례로 꼽히고 있다. 코스타리카 생태관광은 2021년 환경 분야의 노벨상인 어스샷 상Earthshot Prize에서 '자연 보호와 복원' 부문의 상을 받았다.

● '영원한 어린이의 숲'에 대해 더 알고 싶다면 ──────▶

기후 위기에 맞선 십대들 :
"계속 나무를 심으면 지구는 죽지 않아요!"

두 번째 이야기
(2007년)

북극곰을
어쩌지?

"기후 변화를 막을 방법이라니, 너무 어려운 주제야. 대체
뭘 써야 하지?"

펠릭스는 주말인데도 아침부터 컴퓨터 앞에 앉아 있었다.
오래 고민한 탓일까. 왠지 덥고 가슴이 답답했다. 창문을 여니
겨울의 찬바람이 기습했다.

"지구가 더워진다고? 여긴 춥기만 한걸."

솔직히 환경 문제에 관한 숙제를 할 때마다 뜬구름 잡는 기
분이다. 환경을 보호하기 위해 쓰레기를 줄이고, 물건을 아껴 쓰
고, 자동차보다는 자전거를 타자는 말도 와닿지 않을 때가 많다.

지구가 뜨거워지고 있다는 사실을 이제 아홉 살인 펠릭스가

직접 느끼기는 어려웠다. 4년 전인 2003년, 유럽도 엄청난 폭염 때문에 많은 사람이 목숨을 잃었다. 그때 펠릭스는 겨우 다섯 살이었다.

"대체 뭘 써야 할까?"

펠릭스는 커서가 깜빡이는 것을 가만 보다가 벌떡 일어났다.

"이럴 땐 먹는 게 답이지. 먹다 보면 떠오를지 몰라!"

펠릭스는 샌드위치를 들고 텔레비전 앞으로 갔다. 마침 환경 다큐멘터리가 방송되고 있었다.

"어, 내가 좋아하는 북극곰이네?"

펠릭스는 어릴 때 북극곰 인형을 선물 받은 적이 있다. 한동안 털이 하얗고 폭신한 북극곰 인형을 안고 잤다.

북극곰은 북극권의 섬이나 해안, 툰드라에 산다. 북극곰 인형은 너무 귀엽지만, 실제 북극곰은 보통 300킬로그램이 넘고 800킬로그램이나 되는 것도 있다. 북극곰의 반전 매력은 커다란 몸집과 달리 발가락 사이에 앙증맞은 물갈퀴가 있다는 것이다. 물갈퀴 덕분에 헤엄을 잘 친다고 한다.

북극 바다에는 커다란 얼음덩어리들이 떠다니는데, 북극곰은 얼음덩어리에 숨어 있다가 물개나 물범이 숨을 쉬려고 올라오면 그때 덮친다. 헤엄은 잘 치지만, 물속에서 잡을 만큼 속도가 빠르진 않기 때문이다. 그러니까 바다에 뜬 얼음은 북극곰에게 중요한 사냥 장소다.

"어? 곰이 왜 저러는 거지?"

텔레비전에 나오는 북극곰은 어쩐지 아슬아슬해 보였다. 건너갈 다른 얼음덩어리가 보이지 않았기 때문이다. 북극곰은 마치 표류하는 것처럼 보였다.

궁금증은 내레이션을 들으면서 풀렸다. 뜨거워진 날씨 때문에 바다 얼음이 녹아 북극곰이 살기 어려워졌다는 것이다. 얼음이 녹아내려 물개나 물범이 올라올 자리가 없으면 북극곰도 사냥을 할 수 없다.

먹을 것을 찾기 위해 쓰레기 봉지를 뒤지는 북극곰들

굶주린 북극곰은 어쩔 수 없이 먹이를 찾아 마을로 내려왔
다가 사람들에게 죽임을 당하기도 한다. 방송에서는 북극곰이
이렇게 된 원인이 지구가 뜨거워진 데 있다고 했다.

'지구가 뜨거워져서 북극곰에게 저런 일이 일어난다고?'

기후 변화와 기후 위기는 어떻게 다를까. 기후 변화는 인간의 활동 때문에 온실가스 농도가 짙어지면서 추가적인 기후 변동이 일어나는 것을 말한다. 기후 위기는 기후 변화로 인해 물이나 식량 부족, 해수면 상승, 생태계 파괴 등 지구에 치명적인 위험이 닥쳐 온실가스 감축이 필요한 상태로, 기후 변화의 심각성을 강조하기 위해 쓰기 시작한 말이다.

지구의 모든 사람이 기후 위기에 끼치는 영향이 똑같을까. 이 질문에 답하려면 지구 온난화의 주범인 이산화탄소를 누가 많이 배출하느냐를 따져 보면 된다. 탄소(이산화탄소) 배출량은 화석연료를 얼마나 많이 쓰느냐에 따라 달라지는데, 자동차나 비행기, 냉난방기와 각종 가전제품 등을 원하는 만큼 쓰고 있다

기후 정의를 외치는 사람들

면 그만큼 탄소도 많이 배출하고 있다고 봐야 한다. 화석연료를 많이 쓰는 선진국과 화석연료를 적게 쓰는 저개발국의 탄소 배출량 차이도 매우 클 수밖에 없다. 탄소 배출량은 나라들 간에만 차이가 큰 것이 아니다. 국제구호개발기구인 옥스팜에서 2021년에 발표한 〈탄소 불평등 보고서〉에 따르면, 세계 최상위 1퍼센트 사람들이 내뿜는 탄소 배출량이 하위 50퍼센트의 2배가 넘는다고 한다.

이처럼 탄소 배출을 많이 하는 것은 선진국이거나 부유한 사람들이지만 기후 위기로 인한 피해는 공평하게 겪지 않는다.

기후 위기를
방지하는 것은
아이들의 미래를
빼앗는 것이다.
- 청소년 환경운동가 그레타 툰베리 -

폭우나 폭염, 극심한 가뭄에 피해를 입는 것은 대부분 저개발국이거나 가난한 사람들이다. 우리나라에서도 2022년 여름, 빌라 반지하에 살던 발달장애인을 둔 가족이 급작스러운 폭우에 목숨을 잃은 사건이 있었다.

　기후 위기로 인해 피해를 입은 사람들 중엔 기후 난민이 되는 이들도 있다. 기후 난민은 갑작스럽거나 급격히 진행된 기후 변화 탓에 생활을 유지하기 어려워져 잠시 또는 영원히 살던 곳을 떠나거나 다른 나라로 이주해야 하는 사람들을 말한다. 식량과 물 등 인간이 살아가는 데 꼭 필요한 것들이 부족해져 대규모 이주를 하게 되는 것이다. 이들 역시 대부분 가난한 나라 사람들이다.

　이처럼 기후 위기를 일으킨 장본인과 기후 위기의 피해를 입는 쪽이 다르기 때문에 이러한 불평등을 없애자는 것이 기후 정의 운동이다. 세계 여러 환경 단체와 시민들이 기후 위기를 불러일으키는 기업, 국가 등에 책임을 묻는 한편 기후 위기를 늦출 방법을 계속 찾고 있다.

주범은
지구 온난화

펠릭스는 방으로 들어가 지구가 뜨거워지는 이유를 검색했다. 원인은 온실가스였다. 지구에는 태양으로부터 오는 에너지를 보존하기 위해 온실가스가 꼭 필요한데, 온실가스가 너무 많으면 지구에서 생긴 열이 못 빠져나가기 때문에 지구 표면이 뜨거워진다. 이 열 때문에 바다 얼음이 녹는 것이다.

'온실가스 때문에 지구 전체가 뜨거워진다면 북극에 있는 얼음만 녹을 리가 없잖아?'

펠릭스는 검색을 하면서 온실가스가 북극곰뿐 아니라 지구에 있는 모든 생명에게 위험하다는 사실을 알게 되었다.

지구 얼음의 90퍼센트는 남극에 있다. 북극 얼음이 바닷물이 얼어서 생긴 것이라면, 남극 얼음은 대륙 위에 수백에서 수천 년 동안 눈이 천천히 쌓여서 생긴 것이다. 남극 얼음은 평소에 아주 조금씩 녹아 바다로 이동한다. 얼음이 높은 곳에서 낮은 곳으로 서서히 이동하는 것을 빙하라고 한다.

지구가 뜨거워지면 빙하의 양이 늘어나고 해수면은 크게 상승한다. 섬나라나 해안가에 있는 나라들은 위험해질 수밖에 없다. 남태평양의 투발루나 인도양에 있는 몰디브 같은 섬나라는 이미 물에 잠길 위기에 처해 있다. 바다와 가까운 곳에 있는 도시나 저지대 지역도 마찬가지다. 방글라데시 같은 나라는 4분의 1이나 물에 잠길 수 있다. 이런 뉴스를 읽으면서 펠릭스는 지구의 기온이 높아지는 현상, 즉 지구 온난화가 사람들에게도 엄청나게 위험하다는 사실을 알게 되었다.

'지구 온난화를 멈출 수는 없을까?'

펠릭스는 기후 변화를 막을 방법이 없는지 궁금했다. 과연 기후 변화가 먼 나라 일이기만 할까. 언젠가는 지구에 있는 모든 나라를 위험에 빠뜨릴지 모른다.

'방법이 분명 있을 거야!'

계속 해수면이 상승하면 물에 잠길지도 모를 몰디브

스웨덴
친구들처럼

펠릭스는 지구 온난화를 막을 방법을 고민하다가, 온실가스 대부분이 이산화탄소로 이루어져 있다는 사실을 알게 되었다. 이산화탄소는 석탄이나 석유, 천연가스 같은 화석연료를 태울 때 많이 생기는데 산업이 발달할수록 화석연료를 더 많이 쓰게 돼 이산화탄소 발생량도 늘어날 수밖에 없다.

'그렇다면 이산화탄소부터 줄여야 하는 거네.'

숲 1헥타르(1헥타르=약 3000평)가 생산하는 산소의 양은 사람 50명이 일 년 동안 편안히 숨을 쉴 수 있게 하는 양이다. 숲이 산소를 생산한다는 것은 이산화탄소를 흡수한다는 것

과 같은 의미이다. 나무가 많은 숲은 지구의 이산화탄소를
들이마시고 산소를 내뿜으면서 육지 생물이 살아갈 수 있게
도와준다.

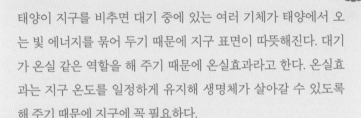

지구 온난화

태양이 지구를 비추면 대기 중에 있는 여러 기체가 태양에서 오
는 빛 에너지를 묶어 두기 때문에 지구 표면이 따뜻해진다. 대기
가 온실 같은 역할을 해 주기 때문에 온실효과라고 한다. 온실효
과는 지구 온도를 일정하게 유지해 생명체가 살아갈 수 있도록
해 주기 때문에 지구에 꼭 필요하다.
온실가스는 온실효과를 일으키는 기체이다. 수증기처럼 자연적
인 온실효과를 일으키는 기체가 있는가 하면 사람들이 산업 활동
을 하면서 생긴 온실가스도 있다. 이산화탄소·메탄·아산화질소·
수소불화탄소·육불화황·과불화탄소가 대표적인데, 이 중 특히
많이 불어나 문제인 것이 바로 이산화탄소이다.
산업화 이후 이산화탄소는 계속 늘어났고 온실효과는 더 커졌다.
태양에서 들어오는 에너지가 있다면 지구에서 우주 공간으로 나
가야 할 에너지도 있는데, 온실가스 때문에 이 에너지가 못 나가
게 되면서 지구 대기 온도가 높아진다. 이렇게 지구의 평균 온도
가 상승한 것을 지구 온난화라고 한다.

한 블로거의 글을 읽고 펠릭스는 깜짝 놀랐다. 나무가 해결 책이라고? 어느 나라에나 있고 누구나 심을 수 있는 나무가 지구가 뜨거워지는 것을 막는 좋은 방법이라니!

1천 년 전만 해도 전 세계 육지의 34퍼센트가 숲이었다고 한다. 이제 숲은 절반 이상 사라졌다. 100년 된 나무를 자르는 데는 몇 시간 안 걸리지만, 나무가 그만큼 자라려면 또 100년이 걸린다.

펠릭스는 나무를 계속 베어 내면 사람들이 지구 온난화로 인한 피해를 고스란히 입게 될 거라고 걱정했다. 이산화탄소를 줄이려면 나무가 사라진 만큼 심어야 한다.

'나무를 많이 심을 방법이 없을까?'

다 같이 나무를 심는다면 지구 온난화를 막을 수 있겠지만, 이를 위해 어린이가 당장 무엇을 할 수 있을지 알기는 어려웠다.

펠릭스는 무심코 검색창에 '어린이가 숲을 구하는 법'이라고 쳤다. 검색 결과에서 펠릭스는 놀라운 뉴스를 발견했다. 코스타리카에 '영원한 어린이의 숲'이 있다는 것이다. 1992년, 스웨덴 어린이들이 돈을 모아서 산 숲이었다.

'어린이들이 어떻게 이런 일을 해낼 수 있었지?'

펠릭스는 깜짝 놀랐다. 그러면서 생각했다. 어린이가 숲을 사는 일이 가능하다면, 나무를 심는 것 정도는 얼마든지 할 수

두 번째 이야기 (2007년) 기후 위기에 맞선 십대들 :

있지 않을까?

'씨앗이나 어린나무 정도는 나도 충분히 살 수 있는데.'

펠릭스는 모아 둔 용돈을 떠올렸다.

펠릭스는 일어나 서재로 향했다. 헤맬 때마다 책에서 해답을 찾은 적이 많았다. 책장을 살펴보다가 펠릭스는 왕가리 마타이라는 환경운동가에 대해 쓴 책을 발견했다.

'와, 이 사람 정말 대단해! 나무를 엄청 많이 심었잖아? 아이라고 못할 것 없지. 왕가리 마타이와 케냐 사람들도 아무것도 없이 시작했잖아. 그냥 지금부터 나무를 심으면 돼!'

펠릭스는 왕가리 마타이가 나무를 많이 심을 수 있었던 이유 중 하나가 불평만 하고 앉아 있지 않고 '행동'했기 때문이라고 생각했다. 왕가리 마타이의 실천이 펠릭스를 움직였다.

말은 그만하고 행동부터 해야 한다. 아무리 좋은 생각도 실천하지 않으면, 아무 소용이 없다.

빈 문서창에 하나하나 글자가 채워지기 시작했다. 펠릭스는 빠르게 키보드를 쳤고, 그 소리는 힘찼다.

아무것도 하지 않으면, 아무것도 달라지지 않아

일요일 아침, 펠릭스는 다른 날보다 일찍 학교에 갔다. 숙제 발표를 할 생각에 가슴이 뛰었다.

드디어 발표 시간. 펠릭스는 두근거리는 심장을 진정시키며 친구들 앞에 섰다.

먼저 준비해 온 자료를 칠판에 붙였다. 북극곰 사진에 이어 가뭄, 태풍 등으로 피해를 입은 사람들 사진도 붙였다. 반 아이들은 궁금한 표정이었다.

"너희 혹시 북극에 있는 바다 얼음이 녹고 있다는 사실 알고 있니?"

몇몇 아이는 고개를 끄덕였지만, 대부분은 잘 모르겠다는 얼굴이었다. 펠릭스는 칠판에 발표 주제를 적었다. '북극곰의

두 번째 이야기 (2007년) 기후 위기에 맞선 십대들 :

멸종'.

"지금처럼 지구가 계속 뜨거워지면 얼음이 녹아서 북극곰은 사냥을 할 수 없대. 결국 굶어 죽게 돼. 그럼 우리는 더는 북극곰을 볼 수 없겠지."

아이들이 고개를 끄덕였다. 수업 시간에 멸종 위기 동물에 관해 들은 적이 있기 때문이다.

"북극곰이 사라진다는 건, 인간인 우리도 지구에서 더는 살 수 없고 멸종될 수 있다는 신호일 수 있어."

사람도 멸종될 수 있다는 말에, 지루한 표정을 짓던 친구들 눈이 반짝였다.

"사람이 멸종된다고?"

놀란 엠마에게 고개를 끄덕인 후 펠릭스는 이야기를 이어 나갔다.

"기후 변화는 먼 북극에서만 일어나는 현상이 아니야. 2003년 우리가 사는 유럽도 엄청 더웠다는 거 다들 알고 있지? 그게 온실가스 때문이래. 온실가스에 가장 많은 게 이산화탄소고."

"그럼 이제부터 이산화탄소를 줄이면 되잖아."

누구보다 열심히 듣던 엠마가 말했다.

"이산화탄소를 어떻게 줄여? 어차피 어린이가 할 수 있는 일이 아니잖아."

루이스는 말도 안 되는 소리라며 손사래를 쳤다. 얼마 전까지 펠릭스도 그렇게 생각했다.

펠릭스는 잠시 친구들을 쭉 둘러본 후 말했다.

"할 수 있는 일이 있어. 나무를 심는 거야! 식물이 이산화탄소를 흡수해서 자라는 건 알고 있지?"

펠릭스는 칠판에 '1,000,000'이라고 썼다.

"우리가 먼저 100만 그루를 심는 거야! 다른 나라 친구들에게도 100만 그루를 심자고 제안하는 거지. 이렇게 모두 함께하면 숲이 늘어날 수 있어!"

이 말에 아이들 눈이 동그래졌다. 100만 그루라니!

"설마, 농담하는 거지? 우리가 그렇게 많은 나무를 어떻게 심어? 어른이 돼도 다 못 심을 것 같은데?"

"맞아. 불가능한 일이야. 어른들이라면 모를까, 어린이들이 무슨 수로?"

"다른 나라 애들한테는 어떻게 100만 그루를 심자고 제안할 건데?"

질문이 쏟아졌다. 기다렸다는 듯 펠릭스가 사진 한 장을 새로 붙였다.

"이분은 왕가리 마타이라는 환경운동가야. 고국 케냐의 숲

두 번째 이야기(2007년) 기후 위기에 맞선 십대들 :

이 파괴되자 마을 사람들한테 나무를 심자고 했어. 다들 너희처럼 자기들이 할 수 있는 일이 아니라고 말했겠지. 그렇다고 해서 왕가리 마타이가 나무 심기를 포기했을까?"

아이들은 점점 더 펠릭스 말에 빠져들었다. 왕가리 마타이가 심은 나무 수를 듣고는 탄성을 지르기도 했다.

"나무 심기는 어린이도 충분히 할 수 있는 일이야. 안 된다고 하지 말고 우리도 행동을 먼저 해 보면 어떨까? 아무것도 하지 않으면 아무것도 달라지지 않잖아. 혼자는 힘들지만 함께라면 가능할 거야."

안경 속 펠릭스 눈이 빛났다.

메마른 케냐에 나무를 심은 왕가리 마타이

왕가리 마타이Wangari Maathai는 1940년 4월 1일, 케냐에서 태어났다. 당시 케냐에선 웬만해선 여성은 공부를 시키지 않았는데 왕가리는 워낙 똑똑한 데다 가족들의 응원이 있어 학교에 갈 수 있었다. 왕가리는 외국 대학에서 생물학을 전공했다. 이때까지만 해도 환경 문제에는 별 관심이 없었다.

케냐에 돌아온 왕가리는 대학교수가 되었다. 소를 연구하기 위해 농가에 간 날, 왕가리는 소들이 비쩍 마른 것을 보고는 놀랐다. 당시 케냐는 개발로 인해 환경이 심하게 파괴돼 소들이 먹을 풀조차 없었다.

케냐는 무더운 나라다. 숲이 아주 중요한 역할을 할 수밖에 없다. 숲은 빗물을 저장해서 사막처럼 메마른 땅이 되지 않게 하

고, 폭우가 쏟아질 때 홍수가 나지 않게 막아 주기도 한다. 또 케냐 사람들은 나무에서 열매를 얻고 땔감도 마련한다.

케냐 사람들에게 숲은 생명의 터전이다. 이런 숲이 사라진 이유는 케냐 정부가 커피와 차를 재배하려고 나무들을 베어 냈기 때문이다. 결국 국토는 황폐해졌고, 시냇물은 말라 버렸다. 마을은 더 가난해졌다. 물이 부족하니 농사가 잘되지 않아 식량도 부족한 상황으로 이어졌다. 아이들은 배고픔에 시달렸고, 가축들도 점점 말라 갔다. 여기에 숲이 사라지자 산사태 같은 재해까지 자주 발생해 사람들은 터전을 잃곤 했다. 여성과 아이들이 마을에서 먼 곳까지 가서 물을 길어 와야 할 정도로 마실 물조차 부족했다.

이런 현실을 목격하면서 왕가리는 숲이 사라지면 환경뿐 아니라 사람의 삶까지 파괴된다는 사실을 깨달았다. 1975년 멕시코시티에서 열린 유엔세계여성대회에 참가하면서 왕가리는 자신이 무엇을 해야 할지 알았다.

1977년 왕가리는 케냐의 수도 나이로비 근처의 카루라Karura 숲에 무화과나무를 비롯한 나무 일곱 그루를 심으며 그린벨트 운동The Green Belt Movement을 시작했다. 그린벨트 운동은 망가진 마을 환경을 되살리는 한편, 가난한 여성들에게 나무 심기와 관련된 일자리를 제공해 줌으로써 굶주리지 않고 살아 가게끔 돕는 활동이었다.

"당장 먹을 것도 없는데 나무를 심어서 뭐 해요?"

왕가리가 나무 심기를 함께하자고 했을 때, 처음에는 다들 이해할 수 없다는 반응이었다.

"여기는 여러분의 터전입니다. 땅이 황폐해지는 것을 보고만 있을 건가요? 뭔가 할 수 있는 일을 해야 하지 않을까요?"

왕가리는 불평하는 대신 행동해야 할 때라고 사람들을 설득했다. 정부가 어린나무를 주기로 해 놓고 약속을 깨뜨리자 시골 여성들에게 나무 씨앗을 틔워 오면 4센트씩 주겠다고 했다. 적은 돈이었지만 그 돈마저 절실했던 여성들은 나무 씨앗을 키워서 왔고 점차 나무 심기에도 참여했다. 교육받을 기회조차 제대로 얻지 못했던 케냐 여성들은 왕가리와 함께하면서 뭔가 할 수 있는 주체적인 사람으로 변했다.

사람들은 왕가리 마타이를 '나무들의 어머니'라고 불렀다. 그린벨트 운동은 케냐를 넘어 아프리카 전역으로 퍼져 나갔다. 왕가리는 계속 나무를 심으면서 사람들에게 나무가 환경을 지키는 데 얼마나 중요한지 지치지 않고 알렸다.

왕가리는 1991년 골드먼 환경상을 받았고, 2004년에는 노

수풀이 우거진 케냐의 카루라 숲

벨평화상을 받았다. 환경운동가가 노벨평화상을 받은 건 처음이었다. 왕가리가 지구와 인류를 위해 애쓴 걸 전 세계가 인정한 것이다.

왕가리는 이후에도 나무 심기를 멈추지 않았다. 2006년에는 '10억 그루의 나무 심기 캠페인Billion Tree Campaign'을 시작했다. 2011년 삶을 마칠 때까지 왕가리가 이끌어 심은 나무는 4500만 그루에 이른다.

'지구를 위해
나무를 심자'

펠릭스가 발표할 때, 엠마는 누구보다 열심히 귀를 기울였다. 엠마는 얼마 전까지 프랑스에서 살았다. 프랑스도 2003년 유럽이 폭염으로 들끓을 때 큰 피해를 입었다. 8월 한 달 동안에만 1만 명이 넘는 사람들이 폭염 때문에 숨졌다. 농장을 하던 엠마의 할머니도 이 시기에 돌아가셨다.

"펠릭스 말이 맞아! 어린이가 할 수 있는 걸 하면 되지."

엠마는 펠릭스 제안에 찬성했다. 루이스도 맞장구를 쳤다.

"100만 그루까지는 모르겠고, 나무 심는 거 못할 건 아니잖아? 해 보지도 않고 투덜대는 건 좀 그래."

펠릭스도 벅찬 표정으로 고개를 끄덕였다.

"우리가 열심히 알린다면 다른 나라 친구들도 나무를 심을 거라고 생각해. 우리 모두에게 필요한 일이잖아."

두 달 뒤, 펠릭스는 '지구를 위해 나무를 심자'라는 뜻의 '플랜트포더플래닛Plant-for-the-Planet'이라는 캠페인을 시작했다. 회원은 엠마와 루이스 그리고 반 친구 몇 명이었다.

두 번째 이야기(2007년) 기후 위기에 맞선 십대들:

"먼저 학교에 나무를 심자!"

3월 28일, 펠릭스와 친구들은 학교에 첫 번째 나무를 심었다.

이 소식은 곧 학교 전체로 퍼졌다. 펠릭스와 친구들이 열심히 돌아다니며 알리기도 했다.

"우리 다 같이 지구를 위해 나무를 심어요!"

처음에는 하고 싶은 말을 제대로 전하기가 쉽지 않았다. 호기심을 보이는 친구들도 있었지만, 귀찮은 표정으로 그냥 가 버리는 아이도 많았다. 그때마다 펠릭스는 무안하고 기운이 빠졌지만, 멈추지는 않았다. 계속 진심으로 말하면 결국 알아주는 사람이 늘어나리라 믿었다.

"나무 심기는 지구를 위한 일이면서 지구에 사는 모든 생명을 위한 것이기도 해. 바로 우리 자신을 위한 일이야!"

"그건 어른들 일이잖아. 아이들이 꼭 나서야 해?"

"우리도 할 수 있는 일이야. 나무는 지구의 미래를 위해서 필요해. 미래에 살 사람들은 바로 우리고."

펠릭스와 친구들은 이렇게 다른 친구들과 이야기를 주고받으면서 나무 심기 운동을 알려 나갔다. 다른 학교에 편지도 보냈다. 친구들도 편지 쓰기를 도왔다.

"나도 같이 나무를 심고 싶어."

어느새 옆 학교 친구들이 찾아왔다. 점점 더 함께하려는 친

"계속 나무를 심으면 지구는 죽지 않아요!"

구가 많아졌고, 심는 나무 수도 늘어 갔다.

펠릭스와 친구들이 하는 나무 심기 운동은 점점 커졌다. 펠릭스는 자신들이 사는 독일뿐 아니라 전 세계 어린이들도 함께할 수 있는 방법을 찾아야 했다.

"어떻게 하면 나무 심기 운동을 더 널리 알릴 수 있을까?"

친구들과 머리를 맞대어 고민하던 어느 날이었다. 기적 같은 일이 벌어졌다. 웹사이트를 만들 줄 아는 청소년인 그레고르, 자샤, 크리스티안이 찾아온 것이다.

"너희가 하는 나무 심기 운동 말이야. 웹사이트를 만들어서 인터넷으로 알리면 어때?"

그레고르 제안에 펠릭스는 신이 났다.

"와, 기발한 생각인데! 나무 심는 모습을 보여 주고, 얼마나 심었는지도 보여 주면 좋을 것 같아. 나무 심을 때마다 숫자도 올라가게 하면 좋을 것 같고."

그레고르는 어렵지 않다고 했다. 그러면서 이렇게 덧붙였다.

"나무 심기 운동에 우리도 함께할 수 있게 해 줘 고마워. 굉장한 일이잖아!"

얼마 후, 웹사이트가 열렸다. 드디어 세계 어디에서나 펠릭스와 친구들의 나무 심기 운동을 볼 수 있고 운동에 참여도 할 수 있게 되었다.

"나무 심기 운동, 나도 같이할 수 있을까?"

환경을 지키고 싶어 하는 어린이들은 생각보다 많았다. 함께하려는 아이가 점점 늘어났다.

말은 그만,
당장 움직여요!

1년 뒤, 펠릭스와 아이들은 독일 곳곳에 15만 그루를 심었다. 펠릭스는 2008년 6월 노르웨이에서 열린 유넵 '툰자 세계

유넵

유넵은 '유엔 환경 계획United Nations Environment Program'의 약칭이다. 환경 보존을 위한 유엔의 활동을 계획하고 지원하는 기구이다. '툰자 세계 어린이·청소년 환경회의'는 유넵이 주최하는 세계적인 환경회의이다. 툰자는 스와힐리어로 '배려와 애정으로 대한다'는 뜻이다.

어린이·청소년 환경회의'에 참석해 105개국에서 온 700명이 넘는 아이들 앞에서 나무 심기와 기후 정의에 대해 연설했다.

펠릭스는 플랜트포더플래닛이 널리 알려지자 또 다른 계획을 세웠다. 2008년 10월, '나무 심기 교실'을 연 것이다. 학교별로 열 살에서 열두 살 사이 학생들이 참여할 수 있는 프로그램이었다. 연수 기간에 아이들은 나무 심기가 왜 중요한지, 나무는 어떻게 심는 게 좋은지 등에 관해 배울 수 있었다. 아이들은 돌아가 친구들에게 배운 것을 알려 주었다. 나무 심기 운동은 아이들에게서 아이들에게로 이어졌다.

"나무 심기 운동을 더 열심히 알리자. 전 세계 모든 사람이 함께 나무를 심는 날까지 말이야!"

펠릭스는 외쳤다.

그 후, 20개국에서도 플랜트포더플래닛 교실이 열렸고, 많은 학생이 교육을 받았다.

2009년 8월, 유넵 '툰자 세계 어린이·청소년 환경회의'가 한국에서 열렸다. 열한 살이 된 펠릭스도 참석했다.

펠릭스는 여러 나라의 어린이 대표들에게 나무 심기 운동에 대해 열정적으로 알렸다. 강연을 마친 뒤, 펠릭스가 말했다.

"나와 함께 100만 그루의 나무를 심고 싶은 친구들은 무대

두 번째 이야기 (2007년) 기후 위기에 맞선 십대들:

로 올라와 줘!"

300명 이상의 아이들이 뛰어 올라왔다. 나무 심기 운동이
전 세계 어린이들에게 더 많이 알려진 날이다.

다음 달인 9월, 펠릭스에게 역사적인 일이 일어났다. 미국
뉴욕에서 열린 유엔 총회에서 왕가리 마타이와 만난 것이다! 유
넵 기자 회견에서 펠릭스와 왕가리는 '나무 심기 운동'을 위해 필

요한 것은 '실천'이라고 강조했다. 특히 왕가리는 이렇게 힘줘 말
했다.

> "사람들은 너무 말만 해요. 우리는 행동을 합니다. 할 일은
> 간단해요. 지금 당장 작은 구덩이를 파고 어린나무를 심어
> 야 한다고 전 세계에 열심히 알려야 합니다."

펠릭스도 뉴욕에서 '말은 그만, 나무를 심어요' 운동을 소개
했다.

왕가리는 펠릭스에게 앞으로 자주 만나 나무 심기 운동을
함께하자고 했다. 펠릭스는 왕가리를 만난 다음 해인 2010년,
100만 그루 심기에 성공했다. 나무 심기 운동을 시작한 지 3년
만이었다. 두 사람은 2011년 2월 유엔의 초청으로 다시 뉴욕에
서 만났다.

> "어린이도 알고 있습니다. 어른들이 환경 위기에 대해 알고
> 있다는 것을요. 그런데 왜 이렇게 모른 척하고 있죠? 이제
> 어린이와 어른, 우리가 모두 함께해야 할 시간입니다. 우리
> 가 힘을 모으면 1조 그루의 나무를 심을 수 있습니다. 지금

부터라도 1조 그루의 나무 심기 캠페인을 시작해야 합니다."

펠릭스는 그 자리에서 1조 그루 나무 심기를 하자고 목소리를 높였다. 왕가리도 펠릭스의 제안에 함께할 것이라고 밝혔다. 안타깝게도 두 사람은 뜻을 이룰 수 없었다. 다섯 달 뒤 펠릭스가 왕가리를 찾아갔을 때 그녀는 몸이 많이 안 좋았다. 두 사람은 12월에 다시 만나기로 했지만, 9월에 왕가리가 세상을 떠났다.

유엔에서는 왕가리 마타이가 이끌던 '10억 그루의 나무 심기 캠페인'을 펠릭스와 플랜트포더플래닛이 이어 가도록 했다. 플랜트포더플래닛은 전 세계에 심은 나무 통계를 내는 일도 맡았다.

플랜트포더플래닛은 2011년에 93개국 어린이와 청소년이 참여하는 단체가 되었고, 2021년 6월 19일까지 나무 3200만 그루를 심었다.

"어린이들은 전 세계 인구의 절반을 차지합니다. 우리가 모두 함께 행동한다면 세상을 바꿀 수 있습니다. 모기 한 마리는 코뿔소에게 아무것도 할 수 없지만 수천 마리 모기는 코뿔소의 길을 바꿀 수 있으니까요."

아홉 살인 펠릭스는 이렇게 말하며 나무 심기를 행동으로 끌어냈고, 어른이 된 지금도 세계 곳곳에 나무를 심어 지구 온난화로부터 환경을 지키고 있다.

펠릭스 핑크바이너Felix Finkbeiner는 1997년 독일에서 태어났다. 국제 나무 심기 및 환경 보호 단체인 플랜트포더플래닛Plant-for-the-Planet의 창립자이자 환경운동가이다.

아홉 살 때 기후 변화를 막는 법에 관한 숙제를 준비하면서 환경 문제에 본격적으로 관심을 갖게 되었다. 그 과정에서 왕가리 마타이도 알게 되었다.

펠릭스는 수업 시간에 친구들에게 전 세계가 다 같이 100만 그루 나무를 심으면 좋겠다고 제안했고, 두 달 뒤인 3월 28일, 첫 나무를 심었다. '지구에 나무를 심자'는 의미인 플랜트포더플래닛이라는 조직을 만들고 나무 심기 운동을 시작한 지 3년 만에 정말 100만 그루 심기에 성공했다.

이런 놀라운 활동이 알려져 열세 살엔 유엔 총회에서 연설

을 했다. 왕가리 마타이가 세상을 떠난 이후엔 플랜트포더플래닛이 왕가리가 이끌던 '10억 그루의 나무 심기 캠페인'을 관리하고 있다.

　현재 플랜트포더플래닛은 1조 그루의 나무 심기 캠페인 Trillion Tree Campaign을 벌이며 숲을 복원하고 있다. 독일과 오스트리아 전역의 2만 개 매장에서 공정 무역과 탄소 중립으로 만든 초콜릿을 판매하고 있는데, 수익금은 나무 심기 활동에 쓰인다. 초콜릿 5개가 팔릴 때마다 나무 한 그루가 심어진다고 한다.

● 플랜트포더플래닛 활동이 궁금하다면 ⟶

개발에 맞선 십대들 :
"곶자왈에 동물원이 왜 필요하죠?"

세 번째 이야기
(2019년)

비밀의 숲,
곶자왈

소강이는 오늘도 혼자 조용히 숲으로 걸어 들어갔다. 집에서 꽤 먼 이곳에 자꾸 오는 이유가 있다. 이 숲은 서울 살 때 자주 놀러 가던 공원들과 달랐다. 울퉁불퉁한 흙길인 데다 안내판도 없고, 비라도 내리면 질척거려 운동화에 흙이 덕지덕지 달라붙었다. 웅덩이가 마치 덫처럼 놓여 있기도 했지만, 이상하게 매력이 있었다.

엄마는 여기가 곶자왈이라고 했다. 곶자왈은 제주 말이다. 곶은 '숲', 자왈은 '덤불'을 뜻하니, 곶자왈은 '덤불 숲'이란 의미다. 곶자왈은 흙이 거의 없는 돌무더기 땅이라서 농사를 짓지 못한다. 쓸모없는 땅이라고 여겼기 때문일까. 땅을 그대로 놔둔 덕

세 번째 이야기 (2019년) 개발에 맞선 십대들:

분에 곶자왈은 원시림 느낌을 그대로 간직한 비밀스러운 숲이 되었다.

이사 와서 며칠은 엄마와 곶자왈을 걸었다.

"소강아, 이리 와 봐. 여기 구멍 보이지?"

정말 작은 구멍이 있었다. 구멍 옆에는 크고 작은 바위가 켜 켜이 박혀 있고 주변에는 나무들이 제멋대로 자라 있었다. 사실 앞만 보며 가면 모르고 지나칠 법한 곳이었다.

"빗물이 지하로 흘러드는 구멍이야."

엄마는 이 구멍을 '숨골'이라고 했다. '땅이 숨 쉬는 구멍'이 라는 뜻이란다. 숨골, 뭔가 궁금해지는 이름이었다.

엄마는 제주에서 나고 자랐다. 초등학교 때 할아버지가 서 울로 직장을 옮기면서 제주를 떠났다. 소강이와 엄마가 제주로 내려와 살게 된 것은 엄마가 제주지사로 발령을 받았기 때문이 다. 5학년이 막 끝나 갈 무렵이었다. 아빠와 서울에 남아 있어도 되었지만, 소강이는 엄마를 따라 제주로 왔다. 순전히 식물 때문 이었다.

얼마 전, 식물 세밀화가의 전시회에 다녀온 후, 소강이는 식 물 그리기에 푹 빠졌다. 작은 식물들을 자세히 그림으로 묘사하 다 보면 식물 하나하나가 살아 있는 듯 소중하게 느껴졌다. 식물 을 그리기 위해 소강이는 시간이 날 때마다 동네 작은 공원으로 향했다. 다 똑같아 보이던 나무도, 담벼락을 타고 올라가는 넝쿨 식물도 이제는 달라 보였다. 핸드폰으로 찍어서 스케치북에 거의 매일 옮겼다.

어느 날, 식물을 그리는 작가가 쓴 책에서 이런 글을 보았다.

"식물은 경쟁하지만, 서로 도우며 함께 살아가는 법도 알아요. 아직 다 밝혀지지 않은 것이 많은 신비로운 생명체예요. 사람들은 식물을 단순하게 보지만 절대 그렇지 않죠. 식물은 아주 많은 비밀을 숨기고 있어요."

식물이 비밀을 품고 있다는 말에 소강이는 설렜다. 이후 더 열심히 동네에서 식물을 찾아다녔다. 색다른 식물을 발견하면 땅에 떨어진 잎 중 몇 개를 주워 오기도 했다.

얼마 동안 그러고 나니 좀 시들해졌다. 동네에서만 맴돌아서 보이는 식물이 고만고만했다. 아파트와 빌라로 둘러싸인 동네에서 보물처럼 특별한 식물을 찾기란 쉽지 않았다.

'동네에 있는 식물들은 비슷한 종류가 많네.'

소강이는 새로운 식물을 보고 싶었다. 그러던 참에 제주에서 살 기회가 생긴 것이다! 마다할 이유가 없었다. 어차피 헤어지기 싫을 만큼 친한 친구도 없었으니까.

세 번째 이야기 (2019년) 개발에 맞선 십대들 :

숨골에서 만난
고양이

처음에는 엄마 없이 곶자왈에 오기가 무서웠지만, 몇 번 오니 금방 편안해졌다. 등산복 차림을 하고 씩씩하게 걷는 어른들, 편안한 옷차림으로 산책하는 동네 분들과 가끔 마주치기도 했다. 길을 못 찾을 때면 지나가는 사람을 기다렸다가 따라갔다. 그럴 때면 길이 숨어 있다가 나타나는 것처럼 신비로웠다.

그날도 한참 동안 걷고 있는데 낯선 풍경이 눈길을 끌었다. 작고 큰 돌들이 잔뜩 깔린 곳에 초록색이 도드라졌다. 한겨울에 초록이라니!

소강이는 그 근처로 가서 가만히 내려다보았다.

'이건 무슨 식물이지?'

돌들을 뒤덮은 이끼 사이로 다섯 장의 잎이 꽃잎처럼 붙은 식물이 보였다. 얼핏 보면 별 모양이었다.

찰칵찰칵. 소강이는 우선 핸드폰에 담았다. 나중에 어떤 식물인지 알아내 그릴 생각이었다.

'가까이에서 보니까 더 예쁘다.'

무척 뿌듯했다. 곶자왈이 지닌 매력은 이렇게 뜻밖의 것과 만나게 한다는 점이다.

'분명 여기 어디에 숨골이 있었는데.'

사진을 찍은 후 소강이는 엄마와 봤던 숨골을 찾았다. 분명 바위들 사이에 있었는데, 다시 찾기가 쉽지 않았다.

"악!"

숨골

앞만 보고 걷다가 그만 발을 헛디뎌 구덩이에 빠져 버렸다. 구덩이는 소강이 허리 정도 깊이였다. 몸 전체가 빠진 것이 아니어서 다행히 겁을 먹지는 않았다.

'어떻게 빠져나가지?'

소강이는 뭔가 잡고 올라갈 게 없는지 정신없이 둘러봤

다. 그때 어디선가 소리가 들려왔다.

"니야옹."

분명 고양이 소리였다! 소리가 난 곳을 보니, 거기에 숨골이 있었다. 애타게 찾을 때는 보이지 않던 것이 눈높이가 낮아지니 보였다.

고양이는 숨골 입구에 있었다. 앙증맞은 새끼 고양이였다.

'어떻게 숨골에서 나타나지? 저기에서 사나?'

소강이는 구덩이에 빠졌다는 사실도 잠시 잊고 고양이에게 손을 흔들었다.

"안녕, 너 여기 사는 거야?"

그 순간, 숨골 안에서 다른 고양이가 나왔다. 덩치가 제법 컸다. 큰 고양이는 새끼 고양이 앞에 앉아 경계하듯이 소강이를 노려보았다.

소강이는 멋쩍었지만 큰 고양이를 향해서도 손을 흔들었다. 고양이는 아무 반응 없이 바로 돌아섰고 새끼 고양이도 그 뒤를 따랐다. 숨골 안으로 사라지는 고양이들을 보면서 소강이는 무안해하며 손을 내렸다.

'이대로 여기 계속 있을 수는 없지!'

다행히 구덩이 안에 굵은 나무뿌리가 튀어나와 있었다. 소강이는 그걸 밟고서 위로 올라갔다. 몇 번 미끄러지긴 했지만 성

공했다. 가슴이 뛰었다. 모험이라도 한 기분이었다. 갑자기 숲이 달라 보였다.

소강이는 숨골 사진을 찍었다. 나중에 다시 찾아오려면 기록해 둬야 하니까.

후두두둑. 갑자기 비가 쏟아졌다. 제주는 겨울에도 소나기 같은 비가 내리곤 했다. 소강이는 점퍼에 달린 모자를 쓰고는 집을 향해 뛰었다.

제주고사리삼의
비밀

집에 돌아와 곶자왈에서 찍은 사진을 한 장씩 넘기다 보니 숨골에서 만난 고양이가 떠올랐다. 동네에 사는 고양이를 동네 고양이라고 하니까, 숲에 사는 고양이는 '숲고양이'라고 해야 하나. 이런 생각을 하다 보니 서울 살 때 만났던 동네 고양이가 생각이 났다.

소강이는 빌라 주차장에 드나드는 동네 고양이에게 몇 달 동안 밥을 챙겨 준 일이 있다. 고양이는 처음엔 경계하며 다가오지 않았다. 꽤 시간이 지난 뒤에야 소강이가 주는 사료를 먹기 시작했다. 멀리서 고양이가 사료 먹는 걸 지켜볼 때면 가슴에 따뜻한 것이 작게 회오리쳤다. 어떤 생명체를 이렇게 관심을 갖고

세 번째 이야기 (2019년) 개발에 맞선 십대들 :

보살핀 건 처음이었다. 시간이 흐르자 고양이는 소강이가 옆에서 사료 먹는 모습을 지켜봐도 도망가지 않았다. 소강이는 제시간에 사료를 주지 못하는 날이면 배고파할 고양이를 생각하며 한달음에 달려가곤 했다.

어느 날부터 갑자기 고양이가 보이지 않았다. 고양이 소리를 내며 불러 봐도 소용없었다.

"밥 주던 고양이 찾는 거냐?"

빌라 앞에 놓인 벤치에 자주 앉아 있던 옆 동 할아버지였다.

"네, 이렇게 오래 안 보인 적이 없는데…."

할아버지는 머뭇거리다가 혼잣말처럼 이상한 소리를 했다.

"혹시 고양이만 보면 고함치던 그 양반이 뭔 짓을 했으려나? 고양이 우는 소리 듣기 싫다고 지난번에 다 없애 버리겠다고 난리를 치던데. 그 뒤로 고양이가 안 보이는 거 같기도 하고…."

그 말에 소강이는 다리가 후들거려 주저앉을 뻔했다. 고양이에게 나쁜 일이 일어났다는 생각만 들었다.

'고양이가 뭘 어쨌다고 그러는 거야? 길에서 산다고 함부로 해도 되는 건 아니잖아!'

소강이는 매일 고양이를 기다렸지만, 다시는 볼 수 없었다. 그때 일을 떠올리면 지금도 마음이 아프다.

제주고사리삼. 선흘 곶자왈에서만 서식
한다. 2022년 12월부터 멸종 위기 야생 생
물 1급으로 보호받고 있다.

'곶자왈에 있던데, 이 식물 이름이 뭐지?'

소강이는 곶자왈에서 찍은 한 식물 이름을 인터넷에서 찾고
있었다.

'아, 이거다! 제주고사리삼.'

제주고사리삼은 세계에서 제주도에서만 볼 수 있는데, 제주
도에서도 선흘 곶자왈에서만 자란다고 한다. 2001년에 처음 발
견되었지만, 250만 년 전 화산 활동으로 제주도가 생긴 이후 살
기 시작한 아주 오래된 식물이다. 선흘 곶자왈은 여름에는 큰 나
무들이 빛을 가려 주고, 겨울에는 잎이 떨어진 나뭇가지 사이로
햇볕이 잘 들어와 제주고사리삼이 살기 좋은 환경이다.

'아, 겨울에는 큰 나무들이 잎을 떨어뜨려서 빛이 들어오니

세 번째 이야기 (2019년) 개발에 맞선 십대들 :

까 잘 자랄 수 있는 거구나.'

식물학자가 아니어도 자연을 관찰하다 보면 그 안에서 일어나는 일을 저절로 알게 된다. 소강이는 제주고사리삼이 추운 겨울에 어떻게 초록색을 한껏 품어 내며 자랄 수 있는지 이해되었다.

소강이는 제주고사리삼 사진을 노트에 붙이고 그 옆에 설명도 적어 넣었다. 그러고는 그 아래에다 제주고사리삼을 사진대로 따라 그렸다. 비슷해 보이지만 식물 잎은 모두 다르다. 그리다 보면 그 식물을 자세히 들여다보게 돼 더 깊이 알게 된다.

소강이는 주말에 엄마와 대형 마트에 가서 고양이 사료를 사 왔다. 곶자왈에서 만난 숲고양이를 위한 사료였다.

사료를 들고 곶자왈로 가는 동안, 심장이 두근거렸다. 이번엔 숨골을 바로 찾았다. 고양이는 보이지 않았지만 숨골 입구에 사료를 놓고 속삭였다.

"맛있게 먹어."

길에 사는 동물들에게 겨울은 힘든 시기다. 춥고 먹을 것을 구하기 어렵기 때문이다. 숲은 좀 나을까 싶었지만, 아무리 둘러봐도 고양이가 먹을 만한 건 없어 보였다.

소강이는 사료를 놓아두고 숨골 주변을 탐험했다. 몇 걸음

긴꼬리딱새(수컷)

걷는 찰나, 느닷없이 새가 푸드득 날아올랐다. 소강이는 하마터면 뒤로 넘어질 뻔했다.

"앗, 깜짝이야! 근데 저 새는 왜 저렇게 꼬리가 길지?"

마침 새가 나뭇가지에 앉았다. 얼른 핸드폰으로 찍어 인터넷에서 이름을 찾아보았다.

'긴꼬리딱새?'

이름부터 특이했다. 긴꼬리딱새는 무심히 앉아 있다 떨어지듯 날아 내려와서는 계곡물을 마셨다. 비행 모습이 환상적이었다! 이렇게 멋진 새를 동물원이 아니라 눈앞에서 보는 건 처음이었다.

숲은 보물단지가 맞았다. 갈 때마다 처음 보는 생명체들을 만날 수 있었으니까. 소강이는 제주에 오길 잘했다는 생각이 자꾸 들었다. 서울에서는 늘 마음이 허전했는데 여기서는 무언가로 꽉 채워지는 느낌이었다.

제주도 곶자왈은 자연 상태로 남아 있는 보기 드문 숲이다. 용암이 흘러내리면서 쪼개져 생긴 크고 작은 돌과 바위가 쌓여 만들어진 곳이다. 바위와 자갈이 많아 농사를 짓지 못하는 땅이었고 그 덕분에 독특한 자연을 유지할 수 있었다. 나무는 바위틈으로 뿌리를 내렸고, 바위틈으로 물도 잘 흘러들어 습기가 충분해야 사는 이끼와 양치식물도 잘 자란다.

곶자왈은 평평한 평지가 아니라 굴곡진 곳이 많은데도 바위와 돌 사이사이에 잎이 넓고 키가 큰 나무가 많이 자라고 있다. 이 나무들이 비가 많이 내려도 홍수가 나지 않게 물을 머금어 준다. 빗물은 바위틈을 타고 내려가면서 자연 정화되어 동물들이 목을 축이게 한다.

곶자왈에는 숨골이라는 독특한 구멍이 있다. 숨골은 물을

빨아들이고 수증기를 내뿜어서 곶자왈의 온도와 습도를 일정하게 유지해 준다. 여름에 밖이 더워지면 차가운 공기를 내뿜고, 겨울에 대기가 차가워지면 따뜻한 공기를 뿜어낸다. 숨골이 이렇게 온도와 습도를 조절해 주는 덕분에 곶자왈에는 겨울에도 풀이 자라서 동물들이 먹이를 구하기가 쉽다.

농사를 지으면 비료 따위를 써서 땅이 기름지기 어려운데 곶자왈은 농사를 짓지 않아 땅속에 지렁이와 벌레도 많다. 그 덕분에 긴꼬리딱새나 팔색조처럼 희귀한 새들도 곶자왈에서 살 수 있는 것이다. 곶자왈은 '제주의 허파'일 뿐 아니라 다양한 생명이 살아가는 지구의 소중한 생명 숲이다.

순채

대흥란

곳자왈에 사는
동식물들

물수리

제주도롱뇽

검은댕기해오라기

개가시나무

백서향

지유가 꾸는
꿈

봄이 다가왔다. 6학년이 시작되었다.

"오늘 드디어 학교 가는구나!"

엄마는 소강이 마음도 모르고 기대에 찬 목소리로 말했다.

제주도에서 처음 학교 가는 날. 소강이 가슴은 기대가 아니라 두려움으로 두근거렸다. 소강이가 다닐 학교는 전교생이 50명도 되지 않는다. 한 학년이 한 반뿐이라니! 소강이는 상상이 잘되지 않았다.

'그럼 1학년 때 같은 반 친구랑 6년 내내 같은 반인 거잖아.'

서울에서 다니던 학교는 한 학년이 8개 반이었다. 5학년 때까지 한 번도 같은 반이 안 된 친구도 있었다. 친해지는 데 시간이 오래 걸리는 소강이는 학년이 올라갈 때마다 반 아이들이 바뀌는 것이 늘 부담스러웠다.

'5년이나 한 반이었으면 애들은 이미 많이 친해 있을 텐데….'

이런 생각에 소강이는 힘이 빠졌다. 혼자 어울리지 못하다가 졸업할 모습이 벌써 그려졌다.

소강이는 담임 선생님 뒤를 따라 쭈뼛거리며 교실로 들어섰다. 6학년은 18명. 소강이가 왔으니 이제 19명이 되었다. 선생님이 소강이를 소개했다. 소강이는 어색하게 인사한 후 자리에 앉았다. 쉬는 시간이 되면 더 쑥스러울 텐데 어쩌지. 벌써 걱정이 되었다.

'쉬는 시간에 그림을 그릴까?'

소강이는 혼자여도 어색하거나 외로워 보이지 않게 그림을 그리기로 했다. 쉬는 시간이 되자 바로 식물 그림 노트를 꺼냈다. 오늘은 식물이 아니라 긴꼬리딱새를 그리려던 참이었다. 새 사진 붙여 놓은 쪽을 펴 놓자, 짝꿍이 물었다.

"긴꼬리딱새네. 이거 저 숲에 있는데. 학교 앞에 있는 곶자왈에서 찍은 거 맞지?"

소강이가 자신도 모르게 끄덕였다. 짝꿍이 자연스럽게 말을 이어 가는 바람에 어색함이 조금은 누그러졌다.

"팔색조는 안 봤어? 되게 귀여워."

새를 많이 보긴 했지만 이름을 모르니까 봤는지 안 봤는지 소강이는 알 수가 없었다. 뭐라고 대답해야 하나 망설이는 사이에 짝꿍은 사물함으로 달려가더니 스케치북을 가져왔다.

"봐, 내가 그린 팔색조."

머리도 몸도 동그랗고 귀여운 새였다. 긴꼬리딱새를 보면서 새에게 반했던 터라 팔색조에도 관심이 갔다.

"몸 색깔이 여덟 가지라 팔색조인 거야?"

소강이가 묻자 짝꿍은 신나게 설명했다.

팔색조

"응. 팔색조 색 정말 화려하지? 여기 봐. 녹색 깃털을 가진 이 새는 동박새인데, 동백꽃 꿀을 좋아해. 파란 산수국 색깔인 이 새 이름은 큰유리새. 다들 이름도 생김새도 특별해."

짝꿍 이름은 지유였다. 지유 스케치북에는 정말 새가 많았다. 지유는 학교에서 숲 체험을 나갈 때 새와

세 번째 이야기(2019년) 개발에 맞선 십대들:

식물 그림을 많이 그린다
고 말했다. 숲 체험? 전에
다니던 학교에서는 그런
시간이 없었는데. 어떻게
하는 건지 궁금했다.

동박새

　지유는 스케치북을 한
장 한 장 넘기며 자기가 그린 동물
이나 식물을 계속 보여 주었다. 소
강이도 용기가 나서 자기 그림 노트를 보여 주었다. 긴꼬리딱새
앞에는 제주고사리삼이 있었다.

　"참, 나 곶자왈에서 숨골을 발견했는데 거기에 고양이가 살
더라."

　"응. 곶자왈에 고양이들이 꽤 살아. 우리도 숲 체험 할 때 많
이 보거든."

　소강이는 어느새 친한 친구에게 하듯이 지유에게 새끼 고
양이 얘기를 들려주었다. 지유는 눈을 반짝이면서 같이 가서 보
고 싶다고 했다.

　"그럼 오늘 학교 끝나고 갈래? 사료도 가져왔어."

　소강이는 수업이 끝나자마자 지유와 곶자왈로 갔다.

　초봄이라 조금 따듯해져선지 숨골 근처에 그때 본 고양이 말고 다른 새끼 고양이들도 있었다.

"와, 진짜 귀엽다!"

지유는 박수를 치면서 좋아했다. 소강이는 준비해 온 그릇에 사료를 담고 물도 따로 담아 근처에 놓아두었다. 큰 고양이가 지켜보고 있어 새끼 고양이 쪽으로는 다가가지 않았다.

"얘네 잘 먹는다."

지유는 계속 감탄했다. 소강이는 큰 고양이가 자신은 먹지 않고 새끼 고양이들을 지켜만 보는 것이 마음 쓰였다. 내일은 사료와 물을 더 많이 챙겨 와야겠다고 생각했다.

소강이와 지유는 핸드폰으로 고양이들을 찍었다. 돌아오는 길에는 팔색조와 긴꼬리딱새를 찾아보기도 했다. 지유는 학교에서 하는 숲 체험도 지금 둘이 한 것과 크게 다르지 않다고 했다.

"가끔 환경 단체에서 활동하는 선생님이 같이 오기도 하거든. 그 선생님한테 청소년 환경운동가

큰유리새

세 번째 이야기(2019년) 개발에 맞선 십대들:

얘기를 들은 적이 있어. 나도 그런 일을 하고 싶어."

청소년 환경운동가? 소강이는 처음 듣는 말이었다. 지유는 세계 여러 나라에 기후 위기 문제를 해결하기 위해 활동하는 청소년이 많고, 우리나라에도 있다고 했다. 특히 지유는 감명받아 따라 하고 싶은 활동가가 있다며 핸드폰으로 검색해서 보여 주었다.

"펠릭스라는 이 활동가는 아홉 살 때 나무를 심자고 사람들을 설득했대. 지금은 어른이 되었는데, 단체까지 만들어서 나무 심는 활동을 계속하고 있어. 너무 멋지지 않아?"

소강이는 잘 이해가 되지 않았다. 지유는 나무가 많은 동네에 살고 있는데, 왜 나무를 심는 환경운동가가 되고 싶다는 걸까.

사라져 가는
구상나무

며칠 후, 지유가 말한 숲 체험 시간이 왔다. 모두 곶자왈로 갔다. 담임 선생님이 걷다가 땅에 난 초록 식물을 가리키며 물었다.

"이 식물 이름 기억나는 사람?"

제주고사리삼이었다! 소강이는 반가워서 손을 번쩍 들고 말하려다 머뭇거렸다.

"제주고사리삼요!"

역시 지유였다.

"맞아요. 제주고사리삼은 제주에서도 바로 지금 우리가 걷고 있는 이 선흘 곶자왈에서만 살고 있죠. 보기보다 예민한 식물이거든요. 저층 습지에 서식하면서도 겨울에 꼭 햇볕을 받아야

세 번째 이야기(2019년) 개발에 맞선 십대들:

잘 자라요."

소강이는 선생님 말에 이어 조그맣게 중얼거렸다.

'여기서는 겨울에 큰 나무들이 잎을 떨어뜨리니까 땅에 살아도 햇볕을 잘 받을 수 있고요.'

옆에 있던 지유가 소강이의 혼잣말을 듣고는 놀랐다.

"와, 너 식물 박사구나. 숲 체험도 안 해 봤다면서 어떻게 그렇게 잘 알아?"

지유 말에 선생님과 아이들 시선이 일제히 소강이에게로 쏠렸다.

"소강이는 도시에서 살았는데도, 식물에 관심이 많구나. 소강이 같은 학생이 많다면 우리 숲의 미래는 걱정이 없겠는걸."

"소강이 누나, 식물 그림도 잘 그려요!"

소강이 그림을 언제 봤는지 3학년 아이가 외쳤다. 담임 선생님과 그 아이의 칭찬에 소강이 얼굴이 빨개졌다. 쑥스러웠지만 기분은 좋았다.

숲 체험은 소강이가 예상한 것보다 훨씬 재미있었다. 각자 새로운 식물을 찾아보며 질문도 하고, 곤충을 발견하면 함께 살펴보기도 했다.

"선생님! 한라산에 있는 구상나무가 죽어 가고 있다던데, 왜 그런 거예요?"

수업이 끝나 갈 무렵, 지유가 물었다.

"한라산은 구상나무가 많이 사는 서식지로 손꼽히죠. 이런 구상나무들이 갑자기 떼죽음을 당하는 가장 큰 이유는 기후 변화 때문이에요. 점점 겨울 기온이 올라가고 눈도 적게 내리면서 산꼭대기에 물이 부족해지고 있어요. 구상나무는 겨울 동안 쌓인 눈이 천천히 녹아내린 것으로 수분을 보충할 수 있는데 땅이 건조하니까 견디지 못하고 죽는 거지요. 구상나무는 우리나라에만 사는 특별한 나무인데, 언제 멸종될지 몰라요."

산에 사는 데 물이 없어서 말라 죽는 나무가 있다니! 소강이는 곶자왈에 있는 나무들을 둘러보았다. 모두 건강해 보였다.

"여기 곶자왈에서는 여러 식물과 나무가 잘 자라고 있죠? 곶자왈은 여름에는 보통의 숲보다 시원하고 겨울에는 숲 바깥보다 따뜻해서 숲에 사는 동식물을 지켜 주는 역할을 해요. 기후 위기로 사라지는 식물이 곶자왈에서는 살아남을 수 있다고도 해요. 이곳 곶자왈이 더없이 소중한 이유이기도 하죠."

어른들은 요즘 여름 날씨가 예전보다 너무 덥고 겨울은 너무 춥다고 한다. 이런 기온 이상 현상이 곶자왈에선 덜 일어난단다. 소강이는 비밀이 많고 신비로운 숲, 곶자왈을 다시 천천히 둘러보았다.

우리가 흔히 크리스마스트리로 알고 있는 나무가 구상나무다. 구상나무 원산지는 제주도 한라산이다. 1920년 영국인 식물학자가 발견해 여러 나라로 퍼져 갔다.

구상나무는 한라산이나 지리산처럼 해발 1천 미터 이상의 고산 지대에서 주로 자란다. 특히 한라산에 넓게 분포해 있다. 한라산뿐 아니라 지리산의 구상나무까지 떼죽음을 당하고 있는 이유는 기후 변화 때문이다.

2000년대 들어 겨울에 내리는 눈의 양이 줄어들었고, 그나마 쌓인 눈도 일찍 녹아 버렸다. 그 바람에 구상나무처럼 산꼭대기에 서식하는 나무들은 수분이 부족해 말라 죽고 있다. 기후 변화로 점점 더 잦아지는 강풍과 집중폭우도 구상나무에겐 목숨을 위협하는 요소다. 구상나무는 뿌리를 깊게 박지 않고 옆으로

구상나무와 구상나무 암꽃(동그라미 안)

말라 죽어 가는 구상나무

뻗어 나가는데, 목이 말라 허약해진 상태에서 여름철 강풍이나 집중호우까지 맞으면 뿌리가 뽑혀 넘어가고 만다.

2006년부터 2015년 동안에만 축구장 154개 면적의 구상나무 숲이 사라졌다. 국제자연보전연맹은 2013년 구상나무를 멸종 위기종으로 지정했다. 국내 한 연구팀에서는 2080년대가 되면 우리나라에서 구상나무가 사라질 거라고 발표했다.

구상나무의 멸종은 나무 한 종류가 사라진다는 의미로 그치지 않는다. 기후 변화로 인해 우리 숲이 점점 사라질 수 있음을 경고하는 현상이다.

동물원이
왜 필요하지?

숲 체험을 하고 나오는데, 못 보던 현수막이 보였다. 거기엔 '경축! 동물원 건립'이라고 쓰여 있었다.

"선생님, 동물원이라니 무슨 말이에요?"

선생님 표정이 어두워졌다.

"가서 알아봐야겠구나."

하늘도 갑자기 컴컴해졌다. 곧 비가 쏟아질 것 같았다.

"얘들아, 비 올 것 같으니까 얼른 서둘러서 가자!"

모두 뛰었다. 소강이는 맨 뒤에 처져 있는 지유를 챙겼다. 지유는 핸드폰으로 현수막을 찍고 있었다.

"지유야, 빨리 가자."

지유 얼굴도 하늘처럼 잔뜩 찌푸러져 있었다.

다음 날에도 지유는 기분이 썩 좋지 않은 얼굴이었다. 그 이유를 소강이도 알게 되었다. 어제 본 '동물원 건립' 때문이었다. 지유는 곶자왈에 동물원을 만들려는 사람들이 있다며 화를 냈다.

소강이는 어릴 때부터 동물원을 좋아했다. 동물원이 아니면 책에서 본 동물을 직접 볼 기회가 없으니까. 어린이집 다닐 때는 실내 동물테마파크에 간 적도 많았다. 우리 안에 있는 동물에게 먹이를 주고, 동물들을 만져 볼 수도 있는 곳이었다.

"동물원이 들어오면 어때서? 곶자왈에서 볼 수 없던 동물을 볼 수 있잖아."

소강이 말에 지유는 굳은 얼굴로 말했다.

"곶자왈에 동물원을 지으려면 그 크기만큼 나무를 베어 내야 하잖아. 새로운 것을 지으려고 땅을 파헤치면 숨골도 없어질 테고. 그럼 곶자왈에 살던 동식물들은 어디로 가?"

소강이는 뒤통수를 맞은 기분이었다. 제주고사리삼과 새끼 고양이 가족, 긴꼬리딱새와 팔색조가 곶자왈에 산다는 걸 알면서도 동물원이 생기면 그 생명체들이 어떻게 될지 거기까진 생각이 미치지 못했다.

지유는 곶자왈에 동물원이 생기는 것은 어른들만 고민할 문제가 아니라고 했다. 잠시 생각하더니 모두 함께 이야기를 나눠 보면 어떻겠냐고 했다. 소강이는 초등학생이 모여 얘기를 한들 해결 방법은 없다고 생각했지만, 고개를 끄덕였다. 지유가 지난 번에 들려준 펠릭스라는 청소년 환경운동가 이야기가 기억났기 때문이다.

강제로 데려오고
내쫓는 거잖아!

지유와 소강이는 담임 선생님을 찾아갔다. 반 아이들과 이 문제에 관해 이야기하면 좋겠다고 의견을 전했다. 선생님은 좋은 생각이라며 이런 말도 덧붙였다.

"나는 너희가 이런 일을 보고 그냥 침묵하는 건 옳다고 생각하지 않아. 너희가 옳다고 생각하는 것을 주장할 때 그것을 들어주는 어른이 있어야 좋은 세상이지. 너희가 모여서 의논을 하고 어떤 활동을 하게 된다면 선생님도 도울 생각이야."

수업을 마친 후 지유는 아이들과 모였다. 학생 수가 많지 않기 때문에 전 학년이 함께했다.

지유는 아이들에게 곶자왈에 동물원이 들어오는 것에 대해 어떻게 생각하는지 물었다. 아이들은 하나같이 반대였다. 곶자왈은 학교 밖에 있는 또 하나의 학교였다. 그만큼 곶자왈을 생각하는 마음도 컸다.

"곶자왈에는 원래 사는 동물이 있는데, 왜 동물원이 필요해?"

"맞아. 그리고 곶자왈은 우리가 뛰어노는 놀이터이기도 해. 우리에게서 숲을 빼앗으면 안 되지!"

"거기다 사자나 코끼리는 아프리카에 사는 동물이잖아. 더운 나라에 사는 동물들을 곶자왈로 데려와 살게 하는 것도 동물 학대야!"

"동물을 가둬 놓는 것 자체가 나쁜 일이야."

"동물원을 크게 만들려면 나무도 많이 잘라 내야 할 텐데, 그럼 집을 잃는 새들도 생길 거 아냐? 잘 살고 있던 동물을 쫓아내고 다른 동물을 데려오는 건 너무 이상해."

소강이는 아이들이 하는 말을 가만히 듣고만 있었다.

"동물원이 들어오지 못하게 우리가 할 수 있는 일이 있을까?"

그 말에 4학년 아이가 번쩍 손을 들었다.

"동물원 만들려는 사람들한테 찾아가서 그러면 안 된다고 해요!"

5학년 아이는 다른 의견을 냈다.

"우리 엄마 말이 그 사람들은 서울에 있다던데… 그러니까 제주도에서 제일 높은 사람을 찾아가서 우리 이야기를 들어 달라고 해 보면 어때요?"

분위기가 뜨거웠다.

"도청에 찾아간다고 어른들이 우리 말을 들어 줄까?"

소강이는 아직도 아이들이 하는 이야기를 받아들일 수 없었다. 아무리 회의를 열심히 해도 아무도 어린이 말을 들어 줄 리 없다고 생각했기 때문이다.

지유가 말했다.

"우리도 할 말이 있다는 것부터 알려 줘야지. 어른들에게 우리 목소리를 들려주자."

다음 날, 아이들은 스케치북과 색연필을 들고 모였다. 지유는 각자 하고 싶은 말을 스케치북에 써 보자고 했다. 무슨 말을 쓸지 고민하는 아이도 있고, 그림을 그리는 아이도 있었다. 잠시 뒤 스케치북을 들고 아이들이 모였다.

"여기는 너무 추워요. 따뜻한 나라로 보내 주세요!"

"동물을 가두지 마세요. 전시도 하지 마세요."
"곶자왈에 사는 동물은 어디로 가야 하나요?"

스케치북엔 아이들 목소리가 고스란히 담겨 있었다. 어떤 아이는 눈 내리는 곶자왈에서 추워 벌벌 떠는 기린을 그렸다. 코끼리와 사자가 철창에 갇혀서 울고, 긴꼬리딱새가 집을 잃어 우는 그림도 있었다. 지유는 "소중한 곶자왈을 지켜 주세요"라고 쓴 스케치북을 내밀었다.

소강이는 망설이다 아무것도 채우지 못했다.

"나는 내일 써 올게."

집으로 돌아가는 길에 소강이가 지유에게 물었다.

"6학년이니까 우리는 곧 졸업하고 이 학교를 떠나잖아. 그래도 여기 숲이 소중해?"

지유는 단호한 표정으로 소강이에게 말했다.

"우리가 이 학교를 떠나도 저 숲은 그대로 있는 거잖아. 곶자왈은 여기 학교를 다니거나 이 동네에 사는 사람에게만 소중한 게 아니야. 저 숲에 살고 있고 앞으로 살 생명들에게 꼭 필요한 집이야."

지유 말에 소강이는 숲고양이, 제주고사리삼, 긴꼬리딱새,

팔색조 등을 떠올렸다. 서울에서 보살폈던 동네 고양이도 생각했다. 사람들은 여러 생명과 함께 지구에 살고 있으면서도 자신들이 사는 데 방해가 되는 건 없어져도 된다고 여기는 것일까. 어린이들이 말려도 어른들은 자신들의 이익대로 할 게 뻔하다.

'정말 우리가 동물원을 짓지 말라고 하는 게 소용이 있을까.'

소강이는 집으로 돌아와 고양이 가족과 긴꼬리딱새를 그렸다. 그림에 무슨 말을 써야 할지는 한참 망설였다. 여기 아이들은 곶자왈을 왜 지켜야 하는지 각자 뚜렷한 목소리를 내고 있다. 그런 목소리를 가졌다는 것이 소강이는 여전히 신기하고, 부러웠다.

숲은 우리의
미래

도청에 가기로 한 날이다. 아이들은 각자 준비한 스케치북을 들고 나왔다. 학교 선생님들과 마을 주민들도 함께였다. 아이들은 도청 앞에서 스케치북을 펼쳤다. 봄이어도 아직 쌀쌀한 날씨였지만 아무도 투덜대지 않았다. 지나가던 사람들이 호기심에 발을 멈추고는 아이들이 그린 그림을 살펴보았다.

소강이가 걱정한 것처럼 어린이들이 나설 문제가 아니라면서 혀를 끌끌 차고 지나가는 어른도 있었다. 아이들은 아랑곳하지 않았다.

얼마 후, 방송기자가 찾아왔다. 어린이들이 도청 앞에서 시위하는 이유를 알고 싶다고 했다. 지유가 대표로 나섰다.

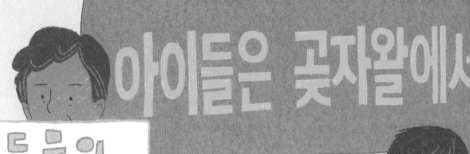

사자는 아프리카에서...

동물 학대는
그만!!!

기린이
너무 추워요

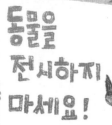

동물을
전시하지
마세요!

숲은 우리의
미래예요!

"우리는 곶자왈이 있는 동네에서 학교를 다녀요. 자주 곶자왈에 가서 숲 체험을 해요. 비가 온 뒤에 땅을 밟고 빗방울을 머금은 바위도 만져요. 새랑 벌레가 내는 소리도 듣고요. 나무와 식물이 내어 주는 맑은 공기도 마셔요. 곶자왈에 원래 살고 있는 여러 생명 덕분에 우리가 누릴 수 있는 것들이에요. 곶자왈은 누구의 땅이 아니라 모두의 땅이라고 생각해요. 누구도 자기 이익만 생각해서 숲을 없애거나 훼손해서는 안 돼요."

"맞는 말이지만, 여러분은 아직 어린이잖아요. 이런 건 어른들이 해야 할 일이 아닐까요?"

기자 질문에 이번엔 4학년 예준이가 대답했다.

"우리가 살아갈 자연을 지키는 건 우리의 일이기도 하잖아요. 어른들만의 일이 아니에요."

5학년 민형이도 목소리를 높였다.

"이렇게 자꾸 개발하면 우리가 어른이 될 때까지 곶자왈이 남아 있을까요? 그러니까 지금 우리가 할 수 있는 일을 하는 거예요."

인터뷰가 끝나 갈 무렵, 마이크가 지유에게 돌아왔다.

"숲은 기후 위기를 막는 데도 중요하지만, 거기에 사는 모든 생명에게 중요한 곳이에요. 우리에게도 마찬가지고요. 모두에게 소중한 숲을 제발 망가뜨리지 말아 주세요!"

세 번째 이야기(2019년) 개발에 맞선 십대들:

지유와 학교 아이들이 하는 말을 듣는 동안 소강이는 가슴이 벅차올랐다. 마음속에 맴돌기만 하고 또렷하게 모양을 갖추지 못했던 말도 비로소 선명해졌다. 세상에 소리 내어 하고 싶은 말을 찾았다.

소강이는 스케치북을 펼쳐 그림에 뭔가를 더 그려 넣었다. 함께 손잡고 있는 학교 아이들이었다. 곶자왈에 있는 건 제주고사리삼과 긴꼬리딱새, 숨골과 고양이만이 아니었다. 자연과 함께 커 나가야 할 아이들도 그곳에 있었다. 소강이는 마침내 그림 아래에 이렇게 적어 넣었다.

"숲은 우리 미래예요. 숲이 있어야 우리 모두가 행복하게 살 수 있어요."

동물원을 막은 제주도 아이들

함덕초등학교 선인분교장은 제주도 조천읍 선흘리에 있는 작은 학교로, 멀지 않은 곳에 거문오름과 선흘 곶자왈이 있다. 거문오름은 2007년 국내 최초로 유네스코 세계자연유산으로 등재된 곳이고, 선흘 곶자왈에는 람사르 습지 목록에 등재된 동백동산 습지(먼물깍)가 있다.

2019년 3월, 세계에서도 소중히 여기는 선흘 곶자왈에 기막힌 소식이 들려왔다. 곶자왈 일부를 밀어내고 동물원을 짓겠다는 발표가 난 것이다. 아프리카 동물들을 들여와 사파리를 만들겠다는 계획이었다. 선흘리 주민은 물론이고 아이들도 그냥 지켜볼 수는 없었다. 곶자왈에는 제주에서만 사는 멸종 위기 야생 생물이 많다. 이런 곳에 동물원을 세운다는 것은 원래 있던 생물을 몰아낸다는 말과 같았다.

2019년 4월, 선인분교장 아이들은 어른들과 제주도청으로 향했다. 아이들은 자신이 그린 그림이나 직접 쓴 글을 피켓으로 만들어 반대의 뜻을 전했다. 결국, 제주도는 동물원을 건립하지 않기로 했다.

기쁨은 오래가지 못했다. 제주도가 이번에는 '자연체험파크'를 조성하겠다고 밝힌 것이다. 이 일이 알려지자 동백동산과 가까운 곳에 위치한 선흘초등학교 아이들도 곶자왈을 지키는 일에 나섰다. 제주도지사에게 자연체험파크를 조성하지 말아 달라며 간절한 마음을 담은 편지를 보낸 것이다. 제주도가 어떤

함덕초등학교 선인분교장(위)과
선흘초등학교

선택을 할지는 지켜봐야 한다. 지금도 선흘리 주민들과 아이들, 시민단체는 곶자왈을 지키기 위해 계속 노력하고 있다.

유네스코 세계자연유산

유네스코UNESCO는 1972년부터 인류를 위해 보호해야 할 문화와 자연이 빼어난 지역을 세계유산으로 등재하기 시작했다. 세계유산은 문화유산, 자연유산, 복합유산으로 나뉜다. 우리나라의 경우 석굴암과 불국사·종묘·수원화성·남한산성·서원 등이 세계문화유산으로 등재되었고, 자연유산으로는 2007년 '제주 화산섬과 용암동굴'이라는 이름으로 제주도 일부가 처음으로 등재되었다. 구체적으로는 한라산 천연보호구역, 성산일출봉 응회구, 거문오름 용암동굴계(거문오름에서 분출된 용암으로부터 형성된 벵뒤굴·웃산전굴·북오름굴·대림굴·만장굴·김녕굴·용천동굴·당처물동굴 8곳이다)이다.

람사르 습지

람사르협회가 인증한 습지를 말한다. 람사르협회는 1971년 2월 2일 이란의 람사르에서 습지와 습지의 생태계를 보호, 보전하기 위해 만들어졌다. 습지가 생태학적으로 중요한데도 농경지 확장, 제방 건설 등을 이유로 급속도로 사라지고 있어 보호, 보전에 나선 것이다. 우리나라는 1997년 이 협약에 가입했고, 이해에 강원도 대암산 용늪이 람사르 습지 목록에 처음 등록됐다. 2018년 11월 현재, 창녕 우포늪·서울 한강 밤섬·제주 동백동산 습지·안산 대부도 갯벌 등 23곳이 등록돼 있다. 람사르협회에서는 람사르 습지 인근에 있는 도시와 마을을 '람사르 습지 도시'로 인증해 보호하는데, 우리나라의 경우 제주시(동백동산 습지), 순천시(순천만 갯벌), 창녕군(우포늪), 인제군(대암산 용늪) 4곳이다.

동백동산 습지 먼물깍

* 다음은 제주도정과 도의회가 선흘 곶자왈에 자연체험파크를 조성하겠다고 밝히자 선흘초등학교 6학년생들이 2022년 3월과 6월 도의원들과 도지사에게 보낸 편지 일부입니다. 맞춤법, 띄어쓰기만 맞게 하고, 원문을 거의 그대로 실었습니다.

저희는 개발을 반대합니다. 제주도는 다양한 나무, 동물, 곤충 등으로 만들어진 하나의 섬입니다. 일에 지친 사람들은 건물들과 사람들이 많은 도시에서 벗어나 제주도로 와서 숲도 걷고, 에어컨 바람 말고 숲과 나무들 사이에서 자연 바람도 쐬면서 힐링하기도 합니다. 그런데 굳이 나무를 베고 동물들과 곤충들을 다치게 하면서까지 도시에 있는 리조트, 호텔처럼 개발 파크를 지어야 할까요?

♣ 정윤서

나무, 즉 숲이 우리에게 얼마나 도움이 되는지 알고 계실 겁니다. 우리는 이 광활한 자연을 무슨 자신감인지 정복하려 합니다. 자연은 한정된 무언가에 담을 수 없을 만큼 위대한 것입니다. 간신히 단어에 담은 것인데 하룻강아지 범 무서운 줄 모른다 하듯 자연을 깔보고 있습니다. 이번 개발이 좋은 예입니다. 이건 '자연과 함께'가 아니고 '자연을 이용해서'입니다.

♠ 정연승

동백동산에 자연 72퍼센트를 남기고 개발을 한다는데, 그럼 28퍼센트를 개발한다는 뜻인데, 28퍼센트도 너무 많은 것 아닙니까? 그리고 또 입장을 바꿔 생각을 해 보자면 자신의 8~12배 되는 생명체와 차갑고 딱딱한 시끄러운 것이 갑자기 자기 집을 부수고 다른 엄청나게 커다란 것을 만들면 아주 무섭고 화나겠죠? 게다가 식물들은 도망을 칠 수도 없는데 갑자기 죽으면 얼마나 억울할까요?

♣ 박의림

입장을 바꿔 예를 들어 봅시다. 우리가 집에서 편안하고 행복하게 잘 살고 있습니다. 그런데 갑자기 허락조차 받지 않은 채 누군가 집의 절반을 가져갔어요. 전 막막하고 슬플 것 같아요. 그런데 똑같은 상황의 동식물이 수천수만 마리라고 생각하면… 부디 도지사님 동백동산을 지켜 주시길 바랍니다.

♠ 이시윤

도의원님들께서는 자연체험파크를 건설하는 것에 5명 동의, 2명 반대하시는 걸로 들었습니다. 자연체험파크는 자연을 위해 건설하려고 하는 것이라고 들었습니다. 하지만 이건 자연을 위한 게 아니에요. 그냥 개인적인 이득을 위해서 나쁘게 말하면 깡패 소굴을 만드는 짓이에요. 저희는 건물, 콘크리트 그 앞에 서 있고 싶지 않아요. (…) 저는 개인적으로 정말정말 반대합니다. 도의원님들보다 어린 제가 이런 말을 하고 있는 게 정말 웃기네요. 부디 마지막 선택에 저희의 말이 와닿으면 좋을 것 같습니다.

♣ 김서현

자연체험파크에 대해 자료를 찾아보니 조천읍이 세계 최초로 람사르 습지 도시 인증을 받았다고 했습니다. 동백동산과 200미터 인접한 거리에서의 곳자왈 개발은 국제협약을 파괴하는 행위입니다.

♠ 하동원

도의원님 만약 자연이 나무, 물, 흙 등을 만들어 내지 않았더라면 우리는 이 세상에 없었습니다. 근데 그 은혜를 자연을 파괴하는 것으로 갚습니까? 아닙니다. 그 은혜는 우리가 환경을 보호하는 것으로 갚아야 마땅합니다.

♣ 김무준

동식물들도 생명입니다. 제발 그걸 함부로 뺏지 마세요. 모두가 존재할 수 있는 가치가 있습니다. 그리고 마지막으로 이거 하나는 꼭 알아주셨으면 합니다. 이 편지는 어른들이 쓰라고 해 쓰는 게 아닙니다. 이 편지로 제 마음을 표현하고 싶어서 쓰는 것입니다. 그러니 제발 이 편지를 건성과 대충이 아닌 실천과 공감, 이해로 읽어 주시기 바랄게요.

♠ 황예원

똑같이 딱딱 맞춰져 있는 인공적인 그런 곳은 … 재밌어요. 재밌지만… 질리기 마련입니다. 그치만 '자연'에선 질리지 않죠. 백번을 가도, 천번을 가도 매일매일 새로운 걸 발견할 수 있고 형태가 바뀌며 커 가는, 그런 아름다운 자연의 모습들도 그대로 느낄 수 있어요. 이미 1차로 통과가 되었긴 한데 … 그래도 희망이 있잖아요. 그래서 이 편지를 쓰고 있는 거고요. 도지사님이 마음을 이미 한쪽으로 기울이셨다면 이 편지는 별로 의미가 없을지도 몰라요. 그치만 저는 이 개발이, 안 되기를 진심으로 원합니다.

♣ 박주송

아무리 자연체험파크라도 자연보다 좋을 순 없습니다. 있는 그대로, 그것이 진정한 자연입니다. 동물들이 죽어 가는 모습을 보고 싶으신가요? 식물들이 사라져 허허벌판이 된 땅을 보고 싶으신가요? 지구를 아프게 하고 싶으신가요? 도의원님들, 도지사님, 미래를 위해, 동식물을 위해, 우리를 위해 동백동산을 지켜 주세요. 간절히 부탁하겠습니다.

♠ 류승주

숲고양이가 남기는 말

나는 숲에 사는 고양이야. 여기 제주 곶자왈에서 태어났어. 우리 엄마는 원래 도시에서 살았는데, 몇 번이나 목숨을 잃을 뻔했대. 사람들에게 걷어차이는 날도 있었고, 독이 든 음식을 먹을 뻔한 일도 있었대. 얼룩이 이모는 길을 건너다가 자동차에 치여 다리를 크게 다쳤어. 지금도 걸을 때 힘들어해.

엄마는 우리를 배자 다른 고양이들과 숲으로 들어왔어. 물론 얼룩이 이모도 함께였지. 더는 위험한 도시에서 살고 싶지 않았대. 숲이라고 해서 무조건 편하지는 않았지. 엄마는 통통해진 배 때문에 사냥을 하기 힘들었어. 그래도 도시에서 음식쓰레기를 뒤지는 것보다는 나았대. 숨골은 따뜻한 은신처라 우리를 낳을 때도 안전했고.

우리는 영원히 이곳에서 행복하게 살 줄 알았어. 이상한 사람들이 찾아오기 전까지는 말이야.

그 사람들은 큰 종이를 들고 숲 여기저기를 둘러보았어. 곶자왈은 따뜻해서 코끼리와 사자가 살기 괜찮을 거라나. 코끼리나 사자라니. 그런 이름은 들어 본 적이 없었어. 그 사람들은 큰 나무와 나무 사이에 펄럭이는 천을 걸었지. 거기에는 '경축! 동물원 건립'이라고 쓰여 있었어. 코끼리나 사자처럼 다른 곳에서 이사 오는 동물에게 집을 지어 주는 건가 봐.

얼룩이 이모는 코끼리나 사자는 우리보다 몇십 배는 더 크다고 했어. 코끼리에게 밟히면 우리는 흔적도 남지 않을 거랬지. 특히 사자는 우리를 한 번에 다 잡아먹을 만큼 무시무시한 동물이랬어. 물론 아무리 무서워도 사람만큼 무서운 동물은 없다고 했지만 말이야.

얼룩이 이모는 동물원이라는 게 들어서면 많은 사람이 곶자왈에 올 거라고 했어. 자동차도 많아질 테니 위험한 일이 한두 가지가 아니랬지. 엄마는 사람들이 다가오면 절대 모습을 드러내지 말라고 했어. 근처에 갈 생각도 하지 말고. 혹시라도 들키면 무조건 달아나야 한다고 몇 번이나 당부할 정도였어. 나와 동생들은 고개를 끄덕였어. 갑자기 조심해야 할 게 왜 이렇게 많아졌을까.

엄마는 사람을 보면 무조건 피해야 한다고 말하지만 내 생각은 달라. 좋은 사람도 분명히 있거든. 얼마 전에 나와 동생들은 숨골 앞에 잠깐 나와 있었어. 햇볕을 쬐는 중이었지. 그러다가 어떤 여자아이가 구덩이에 빠진 걸 봤어. 나도 모르게 웃음이 났어. 그 여자아이는 사람인데도 하나도 무섭지가 않았어.

여자아이는 곧 나를 발견했고 우리는 눈이 마주쳤지. 여자아이가 먼저 인사를 하더라. 나도 인사를 하고 싶었지만, 엄마가 나타났어. 빨리 숨골로 들어가지 않으면 혼이 날 게 뻔했지.

그 뒤로 몇 번이나 여자아이는 먹을 걸 들고 우리를 찾아왔어. 얼룩이 이모는 도시에도 가끔 사료를 주고 가는 좋은 사람들이 있다고 했어. 그 말을 듣고 우리 모두 좋아했지만, 엄마는 사료 먹는 걸 탐탁해하지 않았지. 우리가 먹을 때 혼내지는 않았지만 말이야.

여자아이는 꽤 다정했어. 나중에는 자기와 비슷한 크기의 친구도 데리고 왔지. 둘은 우리에게 사료도 주고 물도 줬어. 곶자왈에는 물이 많았지만 우리는 어려서 멀리까지 나가는 게 힘들어. 바로 앞에 물을 가져다주니까 좋았지.

여자아이 둘은 동물원 얘기를 자주 했어. 그런 게 들어서면 안 된다고 하더라. 우리를 걱정해 주는 말도 했어. 어른들에게 따져야 한다는 말도.

엄마와 얼룩이 이모에게 두 아이의 말을 전했더니 걱정이 이만저만이 아니었어. 사람들을 피해 숲으로 왔는데, 이제 어디로 가야 하느냐며 한숨을 쉬었지.

다행히 곶자왈을 지키려는 사람들 덕분에 3년이 지난 지금까지 곶자왈은 무사해. 동물원은 짓지 않기로 했대. 많은 사람이 노력했다고 들었어.

이제 나와 동생들은 숲에서 평화롭게 살아가고 있어. 긴꼬리딱새, 팔색조도. 나무들과 제주고사리삼, 이름 없는 작은 풀들과 풀들 사이사이 숨어 지내는 곤충들도 모두 잘 지내. 곶자왈을 지키려고 애써 준 사람들에게 고맙다는 인사를 꼭 하고 싶어.

아마도 이게 끝은 아니겠지. 사람들은 툭하면 숲을 없애려고 하잖아. 마음을 놓을 순 없지만 숲을 없애려고 할 때마다 숲을 지키려는 사람들도 있으니 다행이라고 생각해.

숲에 사는 우리가 느낀 건 이거야. 우리를 비롯한 생명은 모두 하나로 연결되어 있다는 것. 지구의 생명들이 함께 오래오래 평화롭게 살아갈 방법이 있다면 그건 바로 숲을 지키는 일이야. 친구들, 그러니까 앞으로도 지금처럼 숲을 사랑하고 지키는 일을 계속해 줄래? 너희 말처럼 숲을 지키는 것이 결국 미래를 지키는 일이니까!

— 지구에서 함께 살아가는 너희의 친구, 숲고양이가 🐾